北京市通州区种羊繁育推广中心
北京市通州区肉羊产业协会　组织编写

肉羊饲养管理与疾病防治问答

◎ 肖金东　主编

中国农业科学技术出版社

图书在版编目（CIP）数据

肉羊饲养管理与疾病防治问答 / 肖金东主编 . —北京：中国农业科学技术出版社，2014. 1

ISBN 978 - 7 - 5116 - 1437 - 7

Ⅰ. ①肉…　Ⅱ. ①肖…　Ⅲ. ①肉用羊 - 饲养管理 - 问题解答 ②羊病 - 防治 - 问题解答　Ⅳ. ①S826. 9 - 44②S858. 26 - 44

中国版本图书馆 CIP 数据核字（2013）第 1271243 号

责任编辑　张国锋
责任校对　贾晓红

出 版 者　中国农业科学技术出版社
北京市中关村南大街 12 号　邮编：100081
电　　话　（010）82106636（编辑室）（010）82109702（发行部）
（010）82109709（读者服务部）
传　　真　（010）82106631
网　　址　http://www. castp. cn
经 销 者　各地新华书店
印 刷 者　北京富泰印刷有限责任公司
开　　本　850 mm ×1 168 mm　1/32
印　　张　7. 5
字　　数　216 千字
版　　次　2014 年 1 月第 1 版　2014 年 5 月第 2 次印刷
定　　价　24. 00 元

编写人员名单

主　　编　肖金东

副 主 编　胡红宇　吕三福

编写人员　（按姓氏笔画排序）

孙健华　吕三福　李亚新

闫　玲　刘春雷　肖金东

周会文　胡红宇　郭建立

秦海荣　章海欧

主　　审　张春良

前　言

目前，我国的养羊业虽然取得了很大成就，但与整个国民经济的发展和人民生活水平提高的需要相比还很不适应，养羊业仍然存在不少问题。特别是由于长期受小农经济生产观念的束缚，商品生产意识淡薄，先进科学技术推广十分缓慢，养羊生产的经济效益还很低，使养羊业的发展受到极大限制，与国外先进水平相比还有很大差距。

随着肉羊业不断发展，农业结构不断调整，广大农户养肉羊已从放牧转为舍饲。由于品种改良，培育成了一批优良的肉羊杂交品种，推动了我国养羊业的发展。

改良品种是普及良种，尽快实现全国肉羊品种基本良种化，实现养羊业现代化，增加产品数量，提高品质的首要措施。因此，要按照各地区生态条件和生产潜力，搞好品种区域规划，扩大养殖规模，逐步推广集约化肉羊生产。要积极创造条件，建成一批专业养羊生产基地，逐步实现品种良种化、产品规格化、草场改良化、生产机械化、饲养标准化、管理科学化和经营专业化。要加强生产基地的资金投入和科技投入；积极改造与合理利用天然草场，提高产量，计划放牧。要充分利用各种农作物秸秆，适时收集，采用物理、化学和生物的方法，进行粉碎、氨化、发酵等加工处理，提高利用率和消化率。要改善饲养管理，提高劳动生产率，科学的饲养管理保证羊只正常生长、配种繁殖和产品生产，改变靠天养羊，粗放饲养的传统模式。

为此，我们编写了这本书。本书采用问答的形式，从羊的选种、羊的营养、羊舍的建造、羊的饲养管理、羊圈舍的消毒、羊的驱虫、羊的免疫、羊的繁殖与繁殖疾病、羊常见病的防治等几个方面进行了详细的解答，在疾病防治方面重点对传染病、寄生虫病、中毒病、普通病以及防治措施作了系统的介绍和解释。全书问答简单、文字简练、通俗易懂，可作为广大养羊场户、村级防疫员等技术人员的实用参考技术书。

在本书构思至编写过程中，得到了兽医领域许多专家、学者的鼓励和大力支持，在此表示衷心感谢！

由于时间仓促和编者水平有限，书中可能存在遗漏和错误之处，恳请广大读者批评指正。

编者

2013 年 8 月

目　　录

第一章　肉羊的饲养管理

第一节　肉羊的选种

1. 目前饲养肉羊的品种有哪些?

（1）白萨福克

产地：澳大利亚。

体貌特征：以萨福克为父本，白色肉用品种为母本杂交育成，全身被毛白色，肉用体型同萨福克。

生产性能：平均产羔率150%～160%，3月龄羔羊胴体重达17千克，成年公羊体重110～140千克，母羊70～100千克，除具有萨福克羊的优点外，还具有被毛无有色纤维、产羔率较高和肉用性能突出等优点。

杂交利用：由于其被毛、产羔率和肉用性能等方面优点突出，常作为肉羊三元杂交生产第一父本或终端父本。

（2）德克塞尔

产地：荷兰（1995年引入我国）。

体貌特征：体型中等，体躯肌肉丰满，眼大突出，鼻镜、眼圆部皮肤为黑色，蹄质为黑色。

生产性能：平均产羔率130%～140%，3月龄断奶羔羊体重可达34千克，胴体重17千克以上，断奶前羔羊日增重340克，断奶后一个月期间公羔日增重282克，母羔236克，成年公羊体重

115～130千克，母羊75～80千克。羔羊肉品质好，肌肉发达，瘦肉率和胴体分割率高，市场竞争力强。

杂交利用：德克塞尔羊寿命长，产羔率高，因其肉用体型好、生长快，是推荐饲养的优良品种和肉用生产的终端父本。

（3）道赛特

产地：澳大利亚和新西兰（20世纪80年代引入我国）。

体貌特征：公、母羊均无角，体质结实，头短而宽，颈短粗，背腰平直，体躯呈桶形，四肢短粗。

生产性能：平均产羔率130%～180%，4月龄羔羊胴体重20～24千克，屠宰率50%以上。成年公羊体重100～125千克，母羊75～90千克。与当地绵羊杂交，杂交一代6月龄羔羊体重可提高9.06%，7月龄羔羊宰前活重可提高19.2%，胴体重可提高29.15%。

杂交利用：因其产肉性能好、胴体品质高、遗传力强，是发展肉用羔羊的父系品种之一。

（4）南非肉用美利奴

产地：由英格兰及南非引进的西班牙美利奴、德国萨克逊美利奴等品种杂交，经100多年选育而成。

体貌特征：公、母羊均无角，被毛白色、同质，不含死毛。

生产性能：产羔率150%，在营养充足的条件下，产羔率可达250%；在放牧条件下，100日龄羔羊活重平均35千克；在舍饲条件下100日龄公羔羊活重可达56千克。成年公羊体重120～130千克，母羊75～80千克。另外还具有泌乳量高、母性好、耐低品质粗饲料能力强等特点。

杂交利用：该品种产毛性能好，成年公羊剪毛量4.5～6千克，母羊4～4.5千克，是典型的肉毛兼用型品种。作为第一父本杂交，可改善杂交基础母羊的产毛性能，同时也是理想的肉用羊母系品种。

（5）小尾寒羊

产地：中国山东省西南部、河南省东部和东北部。

体貌特征：个体大、体高，公羊体高平均为99.8厘米，最大个体重达190千克，母羊体高平均为85厘米，最大个体重达140千克。

生产性能：一年两产，每次产2~5只羔，平均产羔3只。成年公羊体重145千克，母羊体重85千克。母羊性情温顺，好管理，耐粗饲，适应性强，既可放牧又可舍饲。生长速度快，一周岁能长到成年体尺的94%以上，体重的80%以上。

杂交利用：繁殖率高，生长发育快，是推广良种和进行肥羔生产的最佳品种。

（6）杜泊绵羊（杜泊羊）

产地：南非，用南非土种绵羊黑头波斯母羊作为母本，引进英国有角道赛特羊作为父本杂交培育而成，是国外的肉用绵羊品种。

体貌特征：无论是黑头杜泊还是白头杜泊，除了头部颜色和有关的色素沉着有不同，它们都携带相同的基因，具有相同的品种特点，是属于同一品种的两个类型，标准同时适用。

主要特点：

① 生产力高。在肉用绵羊的繁殖过程中，最重要的经济因素之一是高繁殖率。杜泊羊繁殖期长，不受季节限制，在良好的生产管理条件下，杜泊母羊可在一年四季任何时期产羔。杜泊羊多胎高产，一个配种季节母羊的受胎率相当高，这一点有助于羊群选育，也有利于增加可销售羊羔的数量。母羊的产羔间隔期为8个月，因此，在饲养管理条件较好的情况下，母羊可达到2年3胎；在良好的饲养管理条件下，一般产羔率能达到150%；在较一般放养条件下，产羔率为100%。在由大量初产母羊组成的羊群中，产羔率约在120%左右，一般初产母羊产单羔。杜泊母羊母性好、产奶量多，护羔性好，不管是带单羔或者双羔都能培育得很好。

② 增重速度快。杜泊羔羊生长迅速，断奶体重大，这一点是肉用绵羊生产的重要经济特性。3月龄的杜泊肥羔体重可达36千克，屠宰胴体约为18千克，一般条件下，平均日增重300克。羔羊不仅生长快，而且具有早期采食的能力。一般条件下，羔羊平均

日增重200克以上。虽然杜泊羊个体中等，但体躯丰满，体重较大。成年公羊和母羊的体重分别在120千克和85千克左右。

③ 适应能力强。杜泊羊能良好地适应广泛的气候条件和放牧条件，具有早期放牧能力。该品种在培育时主要用于南非较干旱的地区，但今天已广泛分布在南非各地。在多种不同草地草原和饲养条件下它都有良好表现，在精养条件下表现更佳。

杜泊羊具有良好的抗逆性。在较差的放牧条件下，许多品种羊不能生存时，它却能存活。即使在相当恶劣的条件下，母羊也能产出并带好一头质量较好的羊羔。由于当初培育杜泊羊的目的在于适应较差的环境，加之这种羊具备内在的强健性和非选择的食草性，使得该品种在肉绵羊中有较高的地位。

杜泊羊食草性强，对各种草不会挑剔，这一优势很有利于饲养管理。在大多数羊场中，可以进行放养，也可饲喂其他品种家畜较难利用或不能利用的各种草料，羊场中既可单养杜泊羊，也可混养少量的其他品种，使较难利用的饲草资源得到利用。

④ 产肉性好。杜泊羊以产肥羔肉见长，胴体肉质细嫩可口、多汁、色鲜、瘦肉率高，被国际誉为“钻石级绵羊肉”。4月龄屠宰率51%，净肉率45%左右，肉骨比（4.9～5.1）：1，料重比1.8：1。

⑤ 产毛性能。杜泊羊年剪毛1～2次，成年公羊剪毛量2～2.5千克，母羊剪毛量1.5～2千克；被毛多为同质细毛，春毛6.13厘米，秋毛4.92厘米，羊毛主体细度为64支，少数达70支或以上；净毛率平均50%～55%；个别个体为细的半粗毛，毛短而细。

⑥ 种用价值。杜泊羊遗传性很稳定，无论纯繁后代或改良后代，都表现出极好的生产性能与适应能力，特别是产肉性能，为中国引进和国产的肉用绵羊品种都是不可比拟的。引进杜泊羊与小尾寒羊、大尾寒羊和洼地绵羊等品种（这些品种存在一个共同的缺点，即生长发育慢和出肉率低，虽然小尾寒羊相对生长速度较快，但出肉率低）进行杂交改良，可以迅速提高其产肉性能，增加经济效益和社会效益。

（7）沂蒙黑山羊

产地：是中国山东省地方优良黑山羊，平邑特产，是在山区自然条件下形成的一个肉、绒、毛、皮多用型品种，属绒、毛、肉兼用型羊。沂蒙黑山羊共有“花迷子”、“火眼子”、“二粉子”和“秃头”4个品系。

体貌特征：体格较大，体貌统一。头短、额宽、眼大、角长而弯曲（95%以上的羊有角）。颌下有胡须，背腰平直，胸深肋圆，体躯粗壮，四肢健壮有力。

生产性能：耐粗抗病，合群性强，生产性能高、遗传性能稳定、肉绒兼用等特点。该山羊灵敏活泼、喜高燥，爱洁净，不吃污染饲草，抗病力强，耐粗饲，适应性强，爱吃吊草，善于爬山，常年放牧，素有“山羊猴子”之称；饲养方式是长年放牧；抓膘期在农历七、八、九月份，成年公羊体重40～50千克，成年母羊体重35～40千克；适宜山区放牧。其羊绒质量高、光泽好、杂质少，强度大、手感柔软，且绒纤维细长，每只成年公羊年产绒450～550克，每只成年母羊年产绒400～500克。其肉质色泽鲜红、细嫩、味道鲜美、膻味小，是理想的高蛋白、低脂肪、富含多种氨基酸的营养保健食品，膘情好的出肉率可达50%。

杂交利用：沂蒙黑山羊产仔率达到150%，适用于山区养殖。

（8）沧山黑山羊

产地：中国湖南地区特有的沧山黑山羊是经湖南常德鼎城区黑山羊种苗繁育基（湖南伟艳黑山羊养殖场）地多年培育的山羊品种，纯绿色草食动物，是我国目前确认的无公害草食类肉用性地方良种羊之一，业已被列为中国黑山羊保护种群。

体貌特征：全身纯黑光亮，无杂毛，皮呈青缎色，体型高健，性情温顺。

生产性能：肌纤维细、肉质细嫩、低脂肪、低胆固醇、味道鲜美、膻味极小、营养价值高，被认定为绿色山羊品种，养殖中摄取多种中药成分的草食，肉质并具有药用价值，经权威部门进行肉质分析，蛋白质含量高达20%，脂肪低于3%，胆固醇含量仅为60

毫克/千克，15 种氨基酸含量齐全，特别是人体必须氨基酸尤为丰富，滋补作用极强。

沧山黑山羊抗病力强，耐寒、耐热、耐粗饲，能适应 0 ~ 40℃ 的气温环境，采食于天然牧草和无公害绿色植物，出生重，生长快，耐潮湿炎热，出肉率高（出肉率高达 58.9% ~60%），肉质好等优势特点，幼羊出生重达 3 ~5 千克，成年羊最重可达 100 千克左右。

杂交利用：繁殖率高，一般可年产两胎，每胎可产两羔。

（9）波尔山羊

产地：原产于南非，是世界上著名的肉用山羊品种，现已分布于新西兰、澳大利亚、德国、美国、加拿大、斯里兰卡等国家。其来源不大清楚，可能源自西南非洲霍屯督人和游牧部落班图人饲养的本地山羊，还可能加入印度山羊和欧洲山羊的血液。经过改良的现代波尔山羊在 20 世纪才发现，是南非农场主选育出来的肉用类型。波尔山羊适宜在农区、半农半牧区饲养，可舍饲，也可以放牧。目前，我国已有波尔山羊（引种与自繁改良）主要分布于山东及南方各省区。

体貌特征：体型大，被毛白色，头颈部和耳、尾部为棕红色；头部粗壮，眼大棕色，耳大下垂；胸深、颈粗、体宽、背直、臀腿肌肉丰满，四肢短而粗壮。

生产性能：波尔山羊是世界上最优秀的肉用山羊品种，生长快、产羔多、屠宰率高、产肉多、肉质细嫩、适口性好、耐粗饲、适应性强和抗病力强的特点。波尔山羊成年公羊体重 95 ~110 千克，母羊 65 ~70 千克；8 月龄公羔体重 50 千克，母羔体重 40 千克。平均屠宰率 48.1%。

杂交利用：与本地山羊杂交生产肉羊，以育肥羔羊为宜。一般 1 ~2 月配种，6 ~7 月产羔，8 ~9 月断奶，冬春季出售。波尔山羊是优良公羊的重要品种来源，作为终端父本能显著提高杂交后代的生长速度和产肉性能。波尔山羊繁殖力强，发情周期平均 21 天，妊娠期 150 天，一年 2 胎或两年 3 胎，产羔率 151% ~190%。

(10) 南江黄山羊

产地：南江黄山羊是中国四川省南江县培育的肉用山羊优良品种。

体貌特征：南江黄山羊分为有角和无角两种类型。体形高大，公羊体高70厘米左右，母羊体高65厘米左右，被毛黄色，沿背脊有一条明显的黑色背线。毛短紧贴皮肤，富有光泽，被毛内侧有少许绒毛。耳大微垂，鼻额宽。前胸深广，颈肩结合良好，背腰平直，四肢粗长，结构匀称。公羊颜面毛色较黑，前胸、颈肩、腹部及大腿被毛黑而长，头略显粗重。母羊颜面清秀，颈较细长，乳房发育良好。生长发育快。

生产性能：南江黄山羊肉质鲜嫩，营养丰富，蛋白质含量高，胆固醇含量低，膻味极轻，口感甚好。板皮品质优。板皮质地良好，细致结实，薄厚均匀，抗张力强，延伸率大，弹性好。公羊体重60～80千克；母羊体重40～65千克。屠宰率可达44%～57%。

杂交利用：南江黄山羊性成熟早，繁殖力高。公羊12～18月龄或体重达35千克以上，母羊6～8月龄或体重达到25千克以上，即可用于配种。母羊全年发情，发情周期为20天左右，发情持续期34小时左右。怀孕期为145～151天。经产母羊产羔率200%，繁殖成活率达90%以上。

(11) 黄淮山羊

产地：黄淮山羊也叫“槐山羊”，主要分布于中国黄淮平原的广大地区，因集中在河南周口地区沈丘县槐店镇而得名。

体貌特征：黄淮山羊体型中等，结构匀称，骨骼较细，分为有角和无角两种类型。被毛白色，毛短，有丝光，绒毛很少。

生产性能：该品种常采用舍饲为主的饲养方式，具有生长发育快、板皮品质优良等特点。公羊体重34千克左右，母羊体重26千克左右。肉质鲜嫩，膻味小。屠宰率为45.9%。板皮呈蜡黄色，细致柔软，油润发亮，弹性好，是优良的制革原料。

杂交利用：黄淮山羊四季发情，其性成熟早、繁殖率高，一般母羊4～5月龄发情配种，1年2胎或2年3胎，每胎平均产羔率为

239%。

（12）成都麻山羊

产地：成都麻山羊也叫“铜羊”，主要分布于中国成都平原及其附近龙门山脉中段的中、低山和丘陵地区，因被毛赤铜色、麻褐色或黑红色，其单根毛分段显不同颜色而得名。

体貌特征：成都麻山羊体形较小。公羊前躯发达，体形呈长方形；母羊后躯宽深，乳房丰满。公、母羊大多有角，少数无角。公羊及多数母羊有胡须，少数羊颈下有肉铃。头部大小适中，有“十字架”或“画眉眼”等斑纹，两颊各具一浅灰色条纹，背部有黑色脊线，肩部有黑纹且沿肩胛两侧下伸，四肢及腹部有长毛。颈肩结合良好，背腰宽平，四肢粗壮。

生产性能：成都麻山羊公羊体重39千克左右，母羊体重30千克左右；板皮致密，轻薄，张幅大，弹性好；屠宰率45%；母羊泌乳期为4~6个月，泌乳量为240千克；是肉乳兼用型山羊品种。

杂交利用：成都麻山羊长年发情，4~5月龄性成熟，12~14月龄初配，年产2胎，经产母羊每胎产羔率210%。

（13）贵州白山羊

产地：贵州白山羊主要分布于中国贵州遵义、铜仁地区。是南方亚热带湿润丘陵山地补饲型肉用山羊。

体貌特征：公、母羊均有角和髯，被毛短，为白色。

生产性能：贵州白山羊体高49~52厘米，体长56~60厘米，体重26~29千克。屠宰率为52.6%。板皮质地紧密，弹性好。

杂交利用：贵州白山羊长年发情，以春、秋两季较多，4~5月龄达到性成熟，8~10月龄可初配，每年产2胎，妊娠期150天。产羔率为184%。

（14）龙陵山羊

产地：龙陵山羊主要分布于中国云南龙陵等地，是南方亚热带湿热半山区放牧加补饲型肉用山羊。

体貌特征：公羊有向上、向后扭曲1~2个弯的角，母羊无角，但有髯。被毛短，头部红褐色，背线黑色。

生产性能：龙陵山羊体高 65～69 厘米，体长 72～76 厘米，体重 42～49 千克。屠宰率 42%～55%。

杂交利用：龙陵山羊秋季发情。6 月龄性成熟，8～10 月龄初配，每年产 1 胎，妊娠期 152 天。产羔率 122%。

（15）马头山羊

产地：主要分布于中国湖南省常德、黔阳等地区和湖北省郧阳、恩施等地区。

体貌特征：体躯呈方形，头大小适中，公、母羊无角，两耳向前略下垂，胸部发达，背腰平直，后躯发育良好。被毛短而粗，大多为白色，也有黑色、麻色、杂色等。

生产性能：该品种具有羔羊生长发育快，育肥性能好等优点。公羊体重 44 千克左右，母羊体重 34 千克左右。屠宰率为 62%。板皮幅面大、洁白、弹性好。毛是优良的制笔原料，一张皮可取烫褪毛 0.3～0.5 千克。

杂交利用：性成熟早，母羊长年发情，产羔率 190%～200%。

2. 引进肉羊品种要注意什么？

（1）引羊出发前要做好准备。

（2）选择合适的引羊地点。农户引羊时要注意地点的选择，一般要到该品种的主产地去引进，以免上当受骗。引种时要主动与当地畜牧部门取得联系。

（3）选择最佳的引羊时间。

（4）选购羊只时，要了解该羊场是否有畜牧部门签发的《种畜禽生产许可证》《种羊合格证》及《系谱耳号登记》。应主动与当地畜牧部门联系，也可委托畜牧部门办理，让他们把好质量关口。

（5）运输时，羊只装车不要太拥挤，一般加长挂车装 50 只，冬天可多、夏天要少。汽车运输要匀速行驶，避免急刹车，一般每小时要停车检查一下，羊趴下的要及时拉起，防止踩、压。长途运输途中要及时给予充足的饮水，羊只装车时要带足当地羊喜吃的草料，一天要给料3次，水4～5次。

3. 引进肉羊出发前要做哪些准备？

（1）在引羊前要做必要的准备工作，要根据当地农业生产、饲草饲料、地理位置等因素加以分析，有针对性地考查几个品种羊的特性及对当地的适应性，进而确定引进什么品种，是山羊还是绵羊。

（2）要根据自己的财力，合理确定引羊数量，修缮羊舍，配备必要的设施。

4. 农户何时引羊最合适？

引羊最适季节为春秋两季，这是因为春秋季节气温不高，也不是太冷。冬季在华南、华中地区也能进行引种，但要注意保温设备。引羊最忌在夏季，6～9月份天气炎热、多雨，大都不利于远距离运羊。如果引羊距离较近，不超过一天的时间，可不考虑引羊的季节。对于引进地方良种羊，要尽量避开“夏收”和“三秋”农忙时节，这时大部分农户顾不上卖羊，选择面窄，难以引好种羊。

5. 农户选购羊只应注意哪些事项？

（1）如果到种羊场去引羊，要了解该羊场是否有畜牧部门签发的《种畜禽生产许可证》、《种羊合格证》及《系谱耳号登记》。

（2）若到主产地农户收购，应主动与当地畜牧部门联系，也可委托畜牧部门办理，请他们把好质量关口。

（3）挑选时，要看它的外貌特征是否符合品种标准。

① 公羊要选择1～2岁，手摸睾丸，富有弹性，注意不购买单睾或患有睾丸炎（手摸有痛感）的羊；膘情中上等，不要过肥或过瘦。

② 母羊多选择周岁左右，这些羊多半正处在配种期；体格强壮，乳头大而均匀。

（4）在引种时要视群体大小确定公母羊数，一般比例要求 1：（15～20），群体越小，可适当增加公羊数，以防近交。

6. 选择种用羊应注意哪些问题？

（1）要看当地的实际情况。快速提高肉羊生产性能的最有效措施是经济杂交利用，通过引进优良肉用品种羊改良地方羊品种，以提高其生长速度和产肉性能。各地要根据地方品种的种质特点，有针对性地引种改良，以免误入引种和炒种怪圈。

（2）要看体型。选用种羊时重点要看羊只的体型、肥瘦和外貌等状况，以判断品种的纯度和健康与否。种羊的毛色、头型、角和体型等要符合品种标准，可请畜牧技术人员帮助鉴别。

（3）要看年龄。引种时要仔细观察牙齿，判断羊龄，以免误引老羊。

一般“原口”羊指 1 岁以内的羊；“对牙”为 1～1.5 岁；“四牙”为 1.5～2 岁；“六牙”为 2.5～3 岁；“八牙”为 3～4 岁。

羔羊 3～4 周龄时 8 个门齿就已长齐，为乳白色，比较整齐，形状高而窄，接近长柱形，称为乳齿，此时的羊称为“原口”或“乳口”。

12～14 月龄后，最中央的两个门齿脱落，换上两个较大的牙齿，这种牙齿颜色较黄，形状宽而矮，接近正方形，称为“永久齿”，此时的羊称为“二牙”或“对牙”。以后大约每年换一对牙，到 8 个门齿全部换成永久齿时，羊称为“齐口”。

4 岁以后，主要根据门齿磨面和牙缝间隙大小判断羊龄。

5 岁羊的牙齿横断面呈圆形，牙齿间出现缝隙。

6 岁时牙齿间缝隙变宽，牙齿变短。

7 岁时牙齿更短，8 岁时开始脱落。

（4）要判断羊的健康状况。健康羊活泼好动，两眼明亮有神，毛有光泽，食欲旺盛，呼吸、体温正常，四肢强壮有力；病羊则毛散乱、粗糙无光泽，眼大无神，呆立，食欲不振，呼吸急促，体温升高，或者体表和四肢有病等。

（5）要随带系谱卡和检疫证。一般种羊场都有系谱档案，出场种羊应随带系谱卡，以便掌握种羊的血缘关系及父母、祖父母的生产性能，估测种羊本身的性能。若从外地引种时，应向引种单位取得检疫证明，目的是可以了解疫病发生情况，以免引入病羊；另一方面是运输途中检查时，手续完备才可通行。

第二节　肉羊的营养

7. 肉羊的维持营养需要有哪些？

维持需要是指在仅满足羊的基本生命活动（呼吸、消化、体液循环、体温调节等）的情况下，羊对各种营养物质的需要。若羊的维持需要得不到满足，就会动用体内贮存的养分来弥补亏损，导致体重下降和体质衰弱等不良后果。只有当日粮中的能量和蛋白质等营养物质超出羊的维持需要时，羊才能维持一定水平的生产能力。干乳空怀的母羊和非配种季节的成年公羊，大都处于维持饲养状态，对营养水平要求不高。山羊的维持需要与同体重的绵羊相似或略低。

羊从草料中获得的营养物质，包括碳水化合物、蛋白质、脂肪、矿物质、维生素和水。

碳水化合物包括：淀粉、糖类、半纤维素、纤维素和木质素等，它是组成羊日粮的主体。依靠瘤胃微生物的发酵，将碳水化合物转化为挥发性脂肪酸，以满足羊对能量的需要。

蛋白质是由氨基酸组成的含氮化合物，是羊体组织生长和修复的重要原料。在维持饲养条件下，蛋白质的需要主要是满足组织新陈代谢和维持正常生理机能的需要。

在维持饲养时必须保证一定水平的矿物质量。钙、磷是组成牙齿和骨骼的主要成分。羊最易缺乏的矿物质是钙、磷和食盐。此外，还应补充必要的矿物质微量元素。

羊在维持饲养时也要消耗一定的维生素，必须由饲料中补充，特别是维生素 A 和维生素 D。

8. 肉羊产毛的营养需要有哪些?

羊毛中的角化蛋白质是由 18 种氨基酸组成，富含含硫氨基酸，其胱氨酸的含量可占角蛋白总量的 9% ~14% 。以满足羊毛生长的需要，提高羊毛产量，改善羊毛品质。

在羊日粮干物质中，氮、硫比例以保持（5 ~ 10）：1 为宜。产毛的营养需要与维持、生长、肥育和繁殖等营养需要相比，所占比例不大，并远低于产奶的营养需要。但是，当日粮的粗蛋白水平低于 5.8% 时，也不能满足产毛的最低需要。产毛的能量需要约为维持需要的 10% 。

铜与羊的产毛关系密切，缺铜的羊除表现贫血、瘦弱和生长发育受阻外，羊毛弯曲变浅，被毛粗乱。绵羊对铜的耐受力非常有限，每千克饲料干物质中铜的含量达 5 ~10 毫克已能满足羊的各种需要；超过 20 毫克时有可能造成羊的铜中毒。

维生素 A 对羊毛生长和羊的皮肤健康十分重要。夏秋季一般不易缺乏，而冬春季则应适当补充，其主要原因是牧草枯黄后，维生素 A 已基本上被破坏，不能满足羊的需要。对以舍饲饲养为主的羊，应提供一定的青绿多汁饲料或青贮料，以弥补维生素的不足。

9. 肉羊产奶的营养需要有哪些?

产奶是母羊的重要生理机能。母羊的泌乳量直接影响羔羊的生长发育，同时也影响奶羊生产的经济效益。当饲料中碳水化合物和蛋白质供应不足时，会影响产奶量，缩短泌乳期。对于高产奶山羊，仅靠放牧或补喂干草不能满足产奶的营养需要，必须根据产奶量的高低，补喂一定数量的混合精料、矿物质微量元素和维生素。

钙、磷的含量和比例对产奶量都有较明显的影响，较合理的钙、磷比例为（1.5 ~1.7）：1。

维生素A、维生素D对奶山羊的产奶量有明显的影响，必须从日粮中补充，尤其在舍饲饲养时，给羊提供较充足的青绿多汁饲料，有促进产奶的作用。

10. 肉羊生长的营养需要有哪些?

羊的生长主要表现为体重增加。但在羊的不同生理阶段，增重对营养物质的需要有很大的差异。

羊从出生到1.5岁，肌肉、骨骼和各器官组织的发育较快，需要沉积大量的蛋白质和矿物质，尤其是初生至8月龄是羊生长发育最快的阶段，对营养的需要量较高。

羔羊在哺乳前期（0~8周龄）主要依靠母乳来满足其营养需要，而后期（9~16周龄）必须给羔羊单独补饲。哺乳期羔羊的生长发育非常快，每千克增重仅需母乳5千克左右。羔羊断奶后，日增重略低一些，在一定的补饲条件下，羔羊8月龄前的日增重可保持在0.1~0.2千克。绵羊的日增重高于山羊。

在羊的不同生理阶段，蛋白质和脂肪的沉积量是不一样的，例如：体重为10千克时，蛋白质的沉积量可占增重的35%；体重在50~60千克时，此比例下降为10%左右，脂肪沉积的比例明显上升。

（1）羔羊的育成前期，增重速度快，每千克增重的饲料报酬高、成本低。

（2）育成后期（8月龄以后）羊的生长发育仍未结束，对营养水平要求较高，日粮的粗蛋白水平应保持在14%~16%（日采食可消化蛋白质135~160克）。

（3）育成期以后（1.5岁）羊体重的变化幅度不大，随季节、草料、妊娠和产羔等不同情况有一定的增减，并主要表现为体脂肪的沉积或消耗。

11. 肉羊肥育的营养需要有哪些?

羊肥育的目的就是产肉量增加，主要增加羊肉和脂肪等可食部分，改善羊肉品质。羔羊的肥育以增加肌肉为主，而对成年羊主要是增加脂肪。因此，成年羊的肥育，对日粮蛋白质水平要求不高，只要能提供充足的能量饲料，就能取得较好的肥育效果。如我国北方牧区在羊只屠宰前（1.5～2个月）采用短期放牧肥育，既可提高产肉量，又可改善羊肉品质，增加养羊收入。

12. 肉羊繁殖的营养需要有哪些?

羊的体况好坏与繁殖能力有密切的关系，而营养水平又是影响羊体况的重要因素。为了使公母羊保持良好的体况和高的繁殖力，应根据羊不同的营养需要合理配制和调整日粮，满足其对各种营养物质的需求；饲料种类要多样化，日粮的浓度和体积要符合羊的生理特点，并注意维生素A、维生素D及矿物质微量元素（铁、锌、锰、钴和硒）的补充，使羊保持正常的繁殖机能，减少流产和空怀。

13. 种公羊的营养需要有哪些?

在配种期内，要根据种公羊的配种强度或采精次数，合理调整日粮的能量和蛋白质水平，并保证日粮中真蛋白质占有较大的比例。进入非配种期，种公羊的营养水平可相对较低。值得注意的是在配种结束后的最初1～2个月是种公羊体况恢复的时期，配种任务重或采精多的公羊由于体况下降明显，在恢复期内应继续饲喂配种期的日粮，同时提供充足的青绿、多汁饲料，待公羊的体况基本恢复后再逐渐改喂非配种期日粮。另外，种公羊的日粮不能全部采用干草或秸秆，必须保持一定比例的混合精料，以免造成公羊腹围过大而影响配种。

14. 繁殖母羊的营养需要有哪些?

母羊配种受胎后即进入妊娠阶段，这时除满足母羊自身的营养需要外，还必须为胎儿提供生长发育所需的养分。

（1）妊娠前期（前3个月）：这个阶段是胎儿生长发育最强烈

的时期，胎儿各器官、组织的分化和形成大多在这一时期内完成，但胎儿的增重较小。在这一阶段，对日粮的营养水平要求不高，但必须提供一定数量的优质蛋白质、矿物质和维生素，以满足胎儿生长发育的营养需要。在放牧条件较差的地区，母羊要补喂一定量的混合精料或干草。

（2）妊娠后期（后2个月）：此期是胎儿和母羊自身的增重加快，母羊增重的60%和胎儿贮积纯蛋白质的80%均在这一时期内完成。随着胎儿的生长发育，母羊腹腔容积减小，采食量受限，草料容积过大或水分含量过高，均不能满足母羊对干物质的要求，应给母羊补饲一定的混合精料或优质青干草。

（3）母羊分娩后泌乳期的长短和泌乳量的高低，对羔羊的生长发育和健康有重要影响。母羊产后4～6周泌乳量达到高峰，维持一段时间后母羊的泌乳量开始下降。一般而言，山羊的泌乳期较长，尤其是乳用山羊品种。母羊泌乳前期的营养需要高于后期。

15. 肉羊常用的饲料有哪些？

（1）青绿饲料，种类很多，包括各种杂草，各种可利用的树枝、树叶，以及人工栽培牧草、叶菜类、水生青绿饲料等。青绿饲料为羊基本饲料，且较经济。

（2）青贮饲料，是一种将青绿多汁饲料切碎、压实、密封在青贮窖（池）或塑料袋内，经过乳酸发酵而成的饲料。青贮饲料的特点是气味酸甜，适口性好，营养丰富，易于保存。羊场和养羊专业户可将其作为冬季羊的优良饲料。大麦、青玉米等作物的秸秆、花生藤、山芋藤及各种禾本科野草、树叶等都可作为青贮原料。

（3）干粗饲料，为羊舍饲期或半舍饲期重要饲料。包括青干草和各种农作物的秸秆、秕壳、藤蔓等，这是资源最为丰富、成本最低廉的饲料。为了充分合理地利用这类粗饲料，必须采用科学合理的加工调制方法，以提高其饲用价值。

（4）精饲料，主要指禾本科作物、豆科作物的果实及加工副产品。如玉米、大麦、大豆、麸皮、饼粕等，精饲料的可消化营养物质高，是肉用羊必需补充饲料，特别是宰前育肥和冬春枯草季节更应注意补充精饲料。

（5）多汁饲料，主要指胡萝卜、山芋、马铃薯、甜菜和南瓜等块根块茎类饲料，特点是含水量高，干物质含量 少，粗纤维含量低，维生素含量高，消化率高，是肉羊冬春季节的好饲料。

（6）矿物质饲料，天然饲料中都含有矿物元素，但存在成分不全、含量不等问题。因此，在舍饲时以及放牧中的繁殖母羊、种公羊和处于生长发育阶段的小羊都要适当补充一些矿物质。含钙的矿物质饲料有贝壳粉、石粉等。含钙、磷矿物质饲料主要有骨粉、磷酸钙类。

16. 肉羊常用的能量饲料有哪些?

能量饲料是指饲料干物质中粗纤维含量在18%以下，粗蛋白质含量在20%以下的饲料。包括谷实类、谷实类加工副产品（糠麸类等）、块根块茎类饲料和植物油脂、乳清粉等。

17. 肉羊常用的谷实类能量饲料有哪些?

谷实类饲料是禾本科植物的成熟种子，包括玉米、高粱等。此类饲料含无氮浸出物70%以上，粗纤维含量较低，粗蛋白质8%～12%。赖氨酸和蛋氨酸含量较低，脂肪含量变化为1%～6%。矿物质中含钙低，含磷高；除玉米外其他谷实含胡萝卜素较少，含B族维生素较多。谷实类饲料体积小，能量高，易消化，适口性好。脂肪含不饱和脂肪酸高，在育肥后期使用过多，体脂肪变软，影响胴体品质。用谷实类饲料饲喂时，应注意配合蛋白质和添加矿物质饲料。

（1）玉米，产量高，含能量高，消化率高是饲料中最常用的原料。玉米含脂肪4%以上，脂肪中不饱和脂肪酸多，蛋白质品质低，缺乏赖氨酸、蛋氨酸和色氨酸，应配合使用优质蛋白质饲料以补充必需氨基酸的不足。

（2）高粱，生长的适应性强，不适宜种植玉米的土壤可以种高粱。高粱含能量比玉米低，蛋白质中缺少赖氨酸等必需氨基酸。在饲喂时应与蛋白质饲料配合使用。高粱产量低，杂交高粱产量高，但品质不好，含单宁多，适口性差，喂量过多发生便秘。国外培育有饲用高粱，产量高，能量高，含单宁少，适口性好，可以完全替代玉米。

羊常用的糠麸类能量饲料主要有以下原料：

（1）小麦麸，是生产面粉的副产物。由于粗纤维含量高，代谢能含量就很低，只有6.82兆焦/千克（1.63兆卡/千克）左右，粗蛋白质15.7%左右。小麦麸结构蓬松，有轻泻性，在日粮中的比例不宜太多。

（2）米糠，是糙米加工成白米时的副产物。含代谢能11.21兆焦/千克（2.68兆卡/千克）左右，粗蛋白质14.7%左右，米糠中含油量很高，可达16.5%。在贮存不当时，脂肪易氧化而发热霉变。因此，必须用新鲜米糠配料。

18. 肉羊常用的块根茎和瓜类能量饲料有哪些?

一般常用的块根茎和瓜类能量饲料有甘薯、胡萝卜、马铃薯和南瓜等。这类饲料含有较多的碳水化合物和水分，适口性好，但因含水量高，体积大，如果喂量过多，会降低羊对干物质和养分的采食量，从而影响其生产性能。

19. 肉羊常用的其他能量饲料有哪些?

羊常用的其他能量饲料有植物油脂、乳清粉等。油脂可减少脂肪组织中脂肪酸的动员量，减少脂肪酸前体储存量。在含谷物类与粗料的羊日粮中可用3%脂肪酸，也可在日粮中添加3%脂肪酸与3%瘤胃保护性脂肪。

20. 舍饲养羊饲料配制的原则有哪些?

传统的养羊多以放牧或放牧加补饲的方式为主，很少涉及饲料的科学配制。而在舍饲条件下，由于肉羊的饲料全部来自人工提供，因此饲料的配制是否科学合理直接影响到育肥的效果和养殖成本。配制肉羊舍饲育肥日粮的原则如下。

（1）根据羊在不同饲养阶段和日增重的营养需要量进行配制。目前各国都依据本国制定的饲养标准配制日粮，但应注意羊品种的差别，比如绵羊和山羊各有特点。

（2）根据羊的消化生理特点，合理地选择多种饲料原料进行搭配，并注意饲料的适口性。采用多种营养调控措施，以提高羊对纤维性饲料的采食量和利用率为目标，实行日粮优化设计。

（3）要尽量选择当地来源广、价格便宜的饲料来配制日粮，特别是充分利用农副产品，以降低饲料费用和生产成本。

（4）饲料选择应尽量多样化，以起到饲料间养分的互补作用，从而提高日粮的营养价值，提高日粮的利用率，达到优化饲养设计的目标。

（5）饲料添加剂的使用，要注意营养性添加剂的特性，比如氨基酸添加剂要事先进行保护处理。

21. 舍饲养羊精饲料如何配制？

对于育肥羊，配合饲料比单独喂养某一种或几种简单混合的饲料育肥效果要好，主要表现在饲料转化率高和肠胃病少。对于精料的配制，要做到饲料品种多样化，同时要充分利用价格低廉，容易取得的原料。一般的谷物类饲料都可用来育肥羔羊，但效果最好的是玉米等高能量饲料。在使用玉米配制饲料时，要注意不能粉得过细，破碎一下即可。对于蛋白质饲料，可以选择一些价格相对低廉的杂粕和优质豆粕结合使用。

对于预混料的使用，由于一般的养殖场和养殖户都不具备自配的条件，建议选择正规、信誉较好的厂家购买使用。

22. 舍饲养羊粗饲料怎样合理搭配？

考虑到舍饲养羊成本较高的问题，为提高育肥效益，应充分利用天然牧草、秸秆、树叶、农副产品及各种下脚料，扩大饲料来源。粗饲料是羊不可缺少的饲料，对促进肠胃蠕动和增强消化力有重要作用，它还是羊冬春季节的主要饲料。新鲜牧草、经济作物副产品以及用这些原料调制而成的干草和青贮饲料一般适口性好，营养价值高，可以直接饲喂羊。低质粗饲料资源如秕壳、荚壳等，由于适口性差、可消化性低、营养价值不高，直接单独饲喂往往难以达到应有的饲喂效果。

23. 肉羊全混日粮如何调制?

日粮调制最为基本的原料包括干草类（花生秧、红薯秧、豆秆、花生壳、米糠、谷糠等）、精饲料（玉米、豆粕、棉粕、麸皮、预混料）、糟渣类（豆腐渣、酒糟、啤酒渣、果渣、药厂的糖渣等）三大类。调制时应遵循以下原则。

（1）精粗比例：羊的精饲料和粗饲料的比例控制在1∶(2.3～4)，肥育羊精饲料比例可适当提高。繁殖母羊精饲料和粗饲料尽量在1∶3以内。

（2）添加豆腐渣类：豆腐渣类不能完全按精饲料或粗饲料来计算，添加豆腐渣类可替代部分玉米和饼粕类饲料。但豆腐渣类过多会引起繁殖母羊代谢病增加。

（3）全混日粮水分控制：绵羊全混日粮水分尽量控制在50%左右，即全混日粮的干物质含量在50%左右。山羊全混日粮水分尽量控制在42%左右，即全混日粮的干物质含量在58%左右。

24. 青贮怎么制作?

（1）切碎青贮原料。青贮原料进行切碎的好处：一是利于原料中糖分的渗出，使原料的表面湿润，有利于乳酸菌的迅速生长和繁殖；二是便于压实，可排出原料缝隙间的空气，为乳酸菌创造厌氧环境，抑制植物细胞与好气性微生物的呼吸作用，防止青贮饲料温度升高，造成养分的分解、维生素的破坏和消化率的降低。此外，也可防止有害微生物活动时间长，造成青贮饲料变质。切碎的长度由原料的粗细、软硬程度、含水量来决定。细茎牧草如禾本科、豆科牧草，一般切成3~4厘米长的小段，而粗茎或粗硬的牧草或饲用植物如玉米秸、向日葵花盘等，要切成0.5~2厘米长的小段。一些柔软的幼嫩牧草可直接进行青贮。

（2）调节青贮原料水分。青贮原料的含水量直接影响青贮饲料的品质。一般禾本科牧草和饲料作物的含水量应为60%~75%，豆科牧草含水量应为60%~70%。质地粗硬的原料含水量可高些，幼嫩多汁的原料含水量应低些。当原料含水量较高时，一般采用晾晒或掺入粉碎的干草、干秸秆、谷物等方法进行调节；当含水量过低时，可掺入一些含水量较高的原料混合青贮。判断青贮原料含水量最直接、简单的方法：手抓刚切碎的青贮原料用力挤压，如指缝有水流下，说明水分含量高；如指缝不见水，说明原料水分低；如指缝见水但水不流下，说明原料水分含量适宜。

（3）装填与压实。切碎的原料应立即装填，如果是青贮窖或青贮壕，可先在窖（壕）底铺10~15厘米厚切短的软草，以吸收青贮原料渗出的汁液。窖（壕）四周要铺垫塑料薄膜，以加强密封，防止漏水和漏气。装填的同时必须用拖拉机或其他镇压器层层压实，特别要注意周边部分的镇压。青贮原料以一次装满为佳，如果是大型青贮窖（壕），也应在2~3天内装满。

（4）做好密封。青贮原料装填完毕应立即密封，这是调制优质青贮饲料的关键之一。一般先在原料上面盖10~20厘米厚切短的秸秆或软草，然后用塑料薄膜密封，薄膜上再加盖30~50厘米厚的土或其他物品。青贮设施如密封不严，进入空气和水分，将会导致腐败菌、霉菌的繁殖，使青贮失败。

（5）精心管理。密封后的青贮窖、青贮壕等应经常检查，发现有漏气之处，必须及时密封。青贮窖、青贮壕等的四周还要挖排水沟，以利于排出积水。

25. 饲喂青贮时应注意哪些？

青贮饲料具有清香、酸甜味，肉羊特别喜食，但饲喂时应由少渐多。饲喂青贮饲料千万不能间断，以免窖内饲料腐烂变质和牲畜频繁交换饲料引起消化不良或生产不稳定。所以要掌握正确的饲喂方法，同时还要注意以下几点。

（1）防止“二次发酵”。青贮饲料封窖后经过30~40天，就可完成发酵过程开窖使用。圆形窖应将窖顶覆盖的泥土全部揭开堆于窖的四周30厘米外，窖口必须打扫干净。长方形窖应从窖的一端挖开1~1.2米长，清除泥土和表层发霉变质的饲料，从上到下一层层取用。为防止开窖后饲料暴露在空气中，酵母菌及霉菌等好氧性细菌活动，引起发霉变质（即所谓“二次发酵”）。最后防止“二次发酵”的重要措施是饲料中水分含量在70%左右，糖分含量高，乳酸量充足，踩压紧实，每立方米青贮饲料重量能在600千克以上。所以，小型窖因踩不实，易引起“二次发酵”。因此，正确饲喂青贮做法如下。

首先，每天取用饲料的厚度不少于20厘米，要一层层取用，决不能挖坑或将饲料翻动。若喂量小时，可以联户喂用。

其次，饲料取出后立即用塑料薄膜覆盖压紧，以减少空气接触饲料。窖口用草捆盖严实，防止灰土落入和牲畜误入窖内。此处气温升高后易引起“二次发酵”，所以质量中等和下等青贮饲料，要在气温20℃以下时喂完。

（2）在冬季饲喂青贮时，要随取随喂，防止青贮料挂霜或冰冻。不能把青贮料放在0℃以下地方。如已经冰冻，应在暖和的屋内化开冰霜后再喂用，决不可喂结冰的青贮饲料。冬季饲喂青贮料要在畜舍内或暖棚里，先空腹喂青贮料，再喂干草和精饲料，每天肉羊饲喂量为1.8~2.5千克。在饲料过程中如发现羊有拉稀现象，应减量或停喂，待恢复正常后再继续喂用。

26. 盐化秸秆怎么制作？

盐化秸秆制作方法：取无霉烂变质的干净无泥土和杂质干燥秸秆，先将其用铡草机铡短，然后用锤式粉碎机（筛孔直径12~15毫米）将秸秆粉碎，草粉不宜过细，草粉长10~20毫米，宽

1～3 毫米，过细不易反刍。过粗采食率降低造成浪费。再将粉碎好的秸秆粉加入1%食盐水，再添加适量的温水，并搅拌均匀，湿润程度以用手握成团，松手后能散开为度，然后将其堆放发酵，也可现拌现喂。通过盐化作用使秸秆盐化，提高了秸秆营养价值，有利于羊采食和提高消化吸收率。一般每只羊每次喂0.5千克，若超过0.5千克可分2次喂给，喂时要加些精饲料，若能搭配一定量的青贮料喂，或适当添加一定量饲料添加剂和维生素，则效果更好。

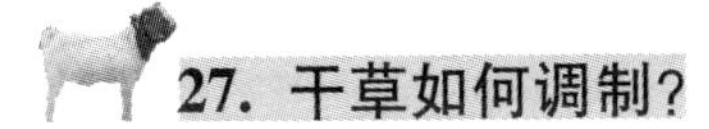

27. 干草如何调制？

调制干草是牧草加工的一个重要手段，调制干草能为羊提供一个长年均衡的饲料供应；优质干草的调制，可以扩大饲料原料来源，节约精饲料，提高羊的生产性能；干草的调制有利于牧草的贮藏和运输。干草调制过程中应注意下列技术要点。

（1）把握牧草的适宜收割期。随牧草生长期的延迟，其中的营养成分含量不断发生变化。牧草何时适于收割，要综合考虑两方面的因素。一是可利用营养物质含量，二是产草量。这两个因素乘积最大的时候（即综合生物指标最大）为最佳收割期。根据以上两条标准，豆科牧草一般在花蕾到初花期收割较为适宜，禾本科牧草的适宜收割期在抽穗到开花期。同时需要注意的是，为了维持牧草良好的再生性能，在收割的时候一般要留茬5～10厘米。

（2）尽量减少调制过程中叶片和细嫩部分的损失。通常优质牧草叶中营养物质的含量要超过茎中营养物质含量，蛋白质、矿物质成分叶要比茎中的多出1～1.5倍，胡萝卜素含量多10～15倍，粗纤维含量叶比茎少50%～100%，叶比茎的消化率高出40%，所以干草中叶含量越高，其品质也就越高。此外牧草中的嫩枝、花絮等部分中的可消化利用营养物质也高于茎中的相应成分，所以保持这些部分的完好是调制优质干草的重要因素。

28. 怎样减少干草调制过程中营养损失?

(1)减少机械作用造成的损失。

(2)减少光化学作用引起的损失。

(3)减少雨露淋湿造成的损失。

(4)减少微生物作用引起的损失。

29. 如何减少机械作用造成的干草调制过程中营养损失?

在造成干草营养损失的各种因素中,机械作用是一个主要的因素。如果人工干燥,则会大大减少这一部分的损失。

干草的调制中要经过收割、集草、翻晒、搬运、堆垛、打捆等环节,在这些环节中易造成植物的叶片、花絮、嫩枝等部分的损失,而这些部分是植物营养物质含量最高的部分。如苜蓿叶片损失12%时,其蛋白质的损失约占总蛋白含量的40%,特别是在自然干燥过程中。因牧草各部分干燥速度不一致,所以叶片和细嫩枝干燥快的部分,特别容易折断损失。

30. 怎样减少光化学作用造成的干草调制过程中营养损失?

晒制干草时,长时间的阳光暴晒,会使植物所含的胡萝卜素、叶绿素及维生素C等大量损失。光化学作用损失最大的就是牧草中的维生素类物质,所以在干燥过程中,当鲜草到半干状态时要集成草垄或小草堆进行干燥,避开阳光对牧草的直射作用。

31. 如何减少雨露淋湿造成的干草调制过程中营养损失?

牧草遭淋湿营养成分的损失有两个方面:

一方面是延长干燥时间,在凋萎期主要是延长了植物细胞的呼吸作用,使营养物质损失增多。在干燥后期,长时间的淋湿作用会使牧草遭受腐败微生物的侵蚀而导致腐烂破坏。

另一方面淋湿作用会使牧草中的可溶性成分（包括可溶性碳水化合物、一些氨基酸、氨化物、矿物质、无机盐等成分）溶解而流失，凋萎期可溶性淀粉都会因雨淋而流失。干燥后期因酶的活动各种复杂的营养成分都被分解成了简单的可溶性成分，因而后期遭受雨淋则更易造成营养成分的流失。据报道淋湿作用引起的无机物损失可达到67%。

32. 如何减少微生物作用造成的干草调制过程中营养损失?

一般牧草表面存在许多的微生物，在一定的温度和湿度下，这些微生物就能繁殖起来，所以干燥不好的牧草堆藏时特别容易发霉变质。另一方面在夏季雨季时，高温高湿也易引起草垛内部发霉变质。所以垛藏的干草一定要使水分在18%以下，还要注意避免雨淋，保持良好通风。

33. 肉羊常用的饲料添加剂有哪些?

（1）羊育肥复合饲料添加剂。羊育肥复合饲料添加剂能显著提高育肥效果，缩短育肥期，节约饲料，提高经济效益。适于当年羊及淘汰公羊、老弱成年羊育肥。

（2）莫能菌素钠（又名瘤胃素）。作用是控制和提高瘤胃发酵效率，从而提高增重速度及饲料转化率。

（3）尿素。尿素可补充蛋白质不足，适于冬季喂。不能单喂，病羊、弱羊少喂或不喂。

34. 如何合理地利用饲料?

（1）青贮饲料和氨化饲料。青贮饲料和氨化饲料质量高，适口性好，营养丰富。每天的青贮饲料或氨化饲料应占日粮的1/3。

（2）喂盐。每只成羊日舔食食盐10～15克，可提高食欲，增加采食量。

（3）补喂尿素。育肥肉羊可按10千克体重日喂尿素2～5克进行补氮。尿素与精料充分拌匀，按1.5%～2%混在精料中饲喂，日喂量8～10克，喂后半小时内不要饮水。尿素要连续饲喂效果才佳。

35. 羊在饲用尿素时，应遵守哪些原则？

（1）必须将尿素同饲料充分混合均匀。使羊有一个逐渐习惯于采食尿素的过程，因此在开始时应少喂，每日量分2～3次喂给，于10～15天内达到标准规定量。如果饲喂过程中断，在下次补喂时，仍应使羊有一个逐渐适应过程。这样做既可提高尿素利用率，也可避免尿素中毒。

（2）尿素和糖浆按1∶4比例混合后饲喂效果更好。糖浆是制糖工业的副产品，能使尿素均匀混合，增加适口性，而且这一混合物是瘤胃微生物极好的培养基。这种混合物要连续饲喂，不要中断，以免瘤胃微生物的适应过程遭到破坏。

（3）处在饥饿状态的羊和病弱的羊不宜喂尿素。

（4）不能单纯喂给尿素等含氮补饲物（粉末或颗粒），也不能混于饮水中给予。

36. 如何预防饲料发霉？

（1）防止饲料发霉变质，饲料贮藏室要保持通风干燥，对被霉菌污染的仓库应熏蒸消毒（每立方米用福尔马林40毫升，高锰酸钾20克，水20毫升，密闭熏蒸24小时）。

（2）对被霉菌污染的饲料可在每吨饲料中添加脱霉剂。最好不要给羊饲喂发霉变质饲料。

（3）在生产中可通过检查了解饲料是否有发霉、变质、变色、变味现象，了解使用时间与发病时间是否相符，以及所有喂同种饲料的羊发病等情况，综合分析进行诊断，确诊还需做实验室诊断。

37. 羊吃了发霉饲料后要采取哪些治疗措施?

（1）停喂霉变饲料。如果羊是轻微中毒，换料即可，不需用药；如症状较重，可进行缓泻用药。

（2）对严重病例可辅以补液强心，用安钠咖注射液5～10毫升、5%葡萄糖注射液250～500毫升、5%碳酸氢钠（小苏打）注射液50～100毫升，一次静脉注射；维生素C注射液5～10毫升，肌内注射。

（3）对有神经症状的需要用镇静剂，用盐酸氯丙嗪按羊每千克体重1～3毫克的量注射（出现神经症状的多愈后不良）。

第三节　肉羊舍建造

38. 一般羊舍如何建造?

羊的管理要记住“泥猪净羊”、“羊不卧湿”和“圈暖三分膘”的道理，羊舍的建造要便于定期消毒。因此，建造羊舍的基本要求是通风干燥、卫生、清洁，夏凉冬暖。羊舍建筑分圈养羊舍和放养羊舍，其建筑目的各有不同。

（1）放养羊舍只是供羊群休息和睡眠，没有运动场、补料槽、补草架。

（2）羊生性活泼好动，圈养羊舍要求有一定面积的运动场，否则，由于羊群的活动空间小，羊群运动不足，不仅影响羊群的生长，而且还给羊群带来一系列疾病。因此，圈养羊舍不仅要具备通风良好、保暖性强、干燥卫生的休息睡眠场所，还要在羊舍外修建面积大于羊舍面积2～3倍的运动场，以利于羊群活动和日光浴，保证羊群的健康和生长需要，而且有利于圈养羊规模养殖、集约化管理。

39. 舍饲羊舍如何建造?

（1）羊舍建造应选在地势高燥、无遮挡、排水良好、向阳的地方。羊舍地面要高出地面20厘米以上。建筑材料应就地取材。总的要求是坚固、保暖和通风良好，便于清理粪便。

（2）羊舍的面积可根据饲养规模而定，一般每只羊要保证1.0~2.0米^2。每间羊舍不能圈很多羊，否则不好管理，并增加了传染疾病的机会。

（3）羊只多时，为方便饲养管理，应设饲养员通道，通道两侧用铁筋或木杆隔开，羊吃料和饮水时，从栏杆探出头采食或饮水。

（4）羊舍的高度视羊舍的面积而定，羊舍高度应保持在2米左右，达到防水、通风、隔热。如果是封闭羊舍，高度要考虑阳光照射的面积。

（5）门口要有一定坡度，但要平整，以便羊进出时脚底平实。

40. 舍饲羊舍如何布局?

（1）紧靠羊舍出入口应设有运动场，运动场应是地势高燥、排水良好。运动场的面积可视羊只的数量而定，但一定要大于羊舍，能够保证羊只的充分活动为原则。运动场周围要用墙围起来，周围栽上树，夏季要有遮阴、避雨的地方。

（2）饲槽可以用水泥砌成上宽下窄的槽，上宽约30厘米，深25厘米左右。水泥槽便于饮水，但冬季结冰时不容易清洗和消毒。用木板做成的饲槽可以移动，克服了水泥槽的缺点，长度可视羊只的多少而定，以搬动、清洗和消毒方便为原则。

（3）舍内走廊宽130厘米左右，运动场墙高130~160厘米。

（4）每个羊圈面积480×450厘米^2，对应每圈设一面积为80×80厘米^{2}后窗和在屋脊上设一可开关风帽。种公羊占地面积为1.5~2.0米^2/只；空怀母羊占地面积为0.8~1.0米^2/只；妊娠或哺乳母羊占地面积为2.0~2.3米^2/只；幼龄羊占地面积为0.5~0.6

米^2/只。

（5）饲养规模较大要设有保暖设备的产房，最好是暖炕。

41. 建造羊场需要哪些附属建筑？

（1）晒场。羊场建造的晒场应设在草棚、精料库之前供晒晾草料之用，也可用于掺和饲料。为避免压坏，在经常过车的地方应当修建专用的车道。

（2）垛草台或草棚。指专供堆垛干草、秸秆或袋装成品饲草的台子及棚舍。垛草台高应在60～70厘米，表面摆放木棍或石块，以便隔潮。有条件的场应修建草棚。草棚的地面应为水泥结构并设有隔水层，草棚的门应设计得宽些，门扇朝外，以便开门和运草车辆的出入。

（3）饲料池。指进行青绿饲料、粪便饲料、糟渣饲料、氨化秸秆等饲料青贮、贮存或加工处理所需的各种池子。每种池子的大小、容量、样式应根据需要贮存或处理各种饲料的数量、每次总的用量而定。其具体设计应以方便饲料入存、取用为原则。

（4）精料库。指专门用于存放谷物、饼类和各种辅助性用料的房屋。为方便加工和配料，在料库的一端应留出专门摆放加工机械的地方。

（5）谷物湿贮窖。指专门用来存放湿贮谷物的地下或半地下窖。

（6）药浴池。指专供用于药水洗浴羊只的池子。由于肉羊在封闭的舍饲条件下断绝了许许多多外寄生虫的来源，一般不易发生疥螨、蜱的感染，故不像放牧养羊那样必须建有药浴池。至于开始引进种羊时只要加强对外寄生虫病方面的检疫，并做好药物预防癣病的工作，不再药浴也就无妨了。如若必须药浴，可在地上挖坑，铺上塑料膜修建临时药浴池。

（7）水电供应设施：指为保证水、电供给及使用的一切设施。其中的电力设施应包括动力电和照明电。就照明而言，除夜间各个需要照明之处应备固定的灯具外，还应备有蓄电池灯，以备临时停电之需。水除了以河水、井水或现成的自来水解决供应问题外，还应修建输水管道，以便把水能够送到各个主要用水地点。另外一点，就是不管利用那种水源，都应再建一个蓄水池，并经常保持水满，以备停电、停水或提水机械发生故障等不时之需。

（8）尸体坑。

第四节　肉羊的饲养管理

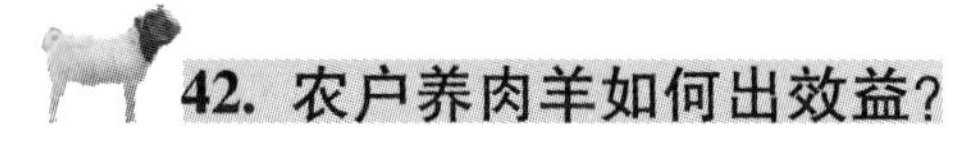

42. 农户养肉羊如何出效益？

（1）因地制宜选择优良品种。农户要饲养体型大、生长快、繁殖率高、适应性强、肉质好、效益高、杂交改良好的羊品种。现在农户饲养的羊大都以本地品种为主，个体小、生长慢、出栏率低，所以，效益不高。为扭转这种局面，应引进杂交改良的羊。

（2）养羊规模要适宜。农户养羊规模应量力而行，可根据家庭现有耕地多少、草场大小、饲草饲料数量、劳动力及投入的资金数量等条件来决定。一般专业户以饲养繁殖母羊 15 ~ 25 只的规模较为适度。饲养时要修圈饲养，圈舍要防潮湿。羊舍建在通风向阳处，地面铺石板或混凝土，以便羊粪尿下漏。由于羊有洁癖，圈舍内编设料架，饲草放在料架上既清洁卫生，又节省草料。同时羊舍内配备盆子，以补充精料和饮水。

（3）改变传统的饲养习惯。

（4）定期驱虫和药浴。

（5）做好疾病防治工作。

（6）合理利用种羊。

43. 农户养羊怎样改变传统的饲养习惯，以提高经济效益？

（1）改混群放牧为单群放牧。对于羔羊，按生理特点和生活特性进行单群就近放牧，变粗放管理为精心管理，加强早期培育。这样，可使羔羊吃好奶、早断奶、早吃草、早补料，加快生长发育。

（2）改单纯放牧为放牧与补饲相结合。羊采取放牧与补饲相结合有好多益处，尤其是在冬春枯草期，羊群仅靠放牧很难满足其营养需要，所以，在冬春两季实行半日放牧、半日补饲，这样既可避免羊只消耗体力，又可达到保膘的目的。

（3）改产春羔为产冬羔。

（4）合理利用饲料。

（5）饲喂添加剂。农户养羊大都不喂添加剂，也不知道如何喂添加剂，只知道喂草、喂点料，致使羊生长慢、增膘慢。因此，应学会喂添加剂。

（6）盐化秸秆喂羊。采用盐化玉米秸秆饲料喂羊，增重可提高5%～10%，提高经济效益15%以上，每只羊增收30～50元。

（7）去势与适时出栏不留种的公羊。公羊一般30日龄内应进行去势，以便育肥。不留种的公羊要当年出栏，这样羊肉质量好、效益高。一般这样的肉公羊饲养期最长也只能过一个冬季。

（8）适时出栏。一般肉羊喂到6个月左右，长至40千克时应及时出栏。因为肉羊长至40千克后，就生长缓慢，增重率降低，继续饲喂费料费工，不合算，经济效益低。农户养羊大都是一年卖一回，春养冬卖，饲养时间长，经济效益差。因此适时出栏才合算。

44. 农户怎样解决冬春饲草缺乏的问题?

农户养羊最大的缺点就是饲养管理水平低，不重视羊的营养及疾病的预防，尤其是在冬春饲草缺乏季节。正确的解决方法如下。

（1）在青草茂盛季节，收割饲草并晾干，堆垛保存，注意防雨防霉，到冬春季节铡碎后进行微贮后喂羊。

（2）秋季可青贮玉米秸秆等。

（3）冬春季节应适时补料，空怀母羊每天补料100～150克，孕羊每天补料200～450克。配制饲料时要充分利用麸皮、甘薯渣、豆腐渣、玉米皮、玉米面等。料中按羊每千克体重添加含铁添加剂0.05克、亚硒酸钠维生素E0.8克、氯化胆碱0.6克、含锌添加剂0.03克、维生素$D_3$0.8克，饲料中应含氯化钠0.5%左右、磷酸氢钙2%，并适当添加赖氨酸和含铜氨基酸。每月用药2次，预防营养不良及贫血症，每次按羊每千克体重用B_{12}粉、复合维生素各0.8克，每次饲喂1周。

45. 农户养羊如何精细饲养管理？

（1）必须抓好季节放牧。春季天气寒冷多变，要让羊少跑多吃；夏季天气热、蚊蝇多，抓早晚两头尽量多放牧；秋季天气凉爽，百草结籽营养价值高，是放牧的黄金季节，这时要尽量多放牧，让羊多吃草；冬季气候寒冷，尽量少放牧，达到适量运动即可，补充优质干草和精料。

（2）充分利用农家自产的青、精饲料进行补饲，尤其是羔羊、怀孕母羊和种公羊，仅靠放牧不能满足其营养需要，所以一定要补充精料和饲草，特别要注意蛋白质、矿物质和维生素等的供应。肉羊出栏前一个月每天补料150～200克（参考配方：玉米30%、小麦30%、麦麸15%、大豆20%、食盐3%、骨粉2%）；种公羊补料用优质禾本科牧草和豆科干草混合后饲喂；高温季节增加蛋白质饲料，低温青草缺乏时应添加多种微量元素及维生素；母羊、羔羊要酌情补料。

（3）注意供给清洁饮水和改善环境卫生，每天清扫羊舍，清洗料槽、水槽，保证羊舍冬暖夏凉。

46. 如何合理地利用种羊？

（1）利用年限：种羊3～5岁质量最好，6岁后育肥淘汰。

（2）公母羊比例：1只公羊每天可配2～4只母羊。

（3）适时配种：母羊发情后持续时间24～48小时，配种适宜时间是发情后12～24小时。

47. 当前羊的饲养方式有哪些?

当前羊饲养方式主要有全舍饲、半舍饲、放牧。

48. 如何让羊安全度过春季枯草期?

春季肉羊饲养是一年中最困难的时期。经过漫长的冬季，营养消耗大，体况消瘦，如饲养管理得当，能最大限度地减少羊只死亡。

（1）春季要定期驱虫，给羊群（除怀孕母羊外）集中驱虫一次。

（2）常用亚硒酸钠维生素 E 注射液及时补硒，以防羊白肌病。

（3）春季保证放牧的肉羊补充盐和饮水，应保证每周 2 ~ 3 次补盐和每天 3 ~ 4 次的饮水。

（4）应选择草质较好、干草较多的阴坡放牧，以防止跑青。放牧时要人在前、羊在后，使羊群慢慢行走，当羊吃到半饱后再到青草地放牧。

（5）放牧时防食有害物，不要让羊误食有毒的植物青苗、废旧塑料、霉败饲料等。并且要远离刚播种的耕地，防止误食种子、化肥、农药、种衣剂等引起中毒。

（6）春季绵羊营养情况差，要及时补喂草料。从冬季补饲向春季放牧转移，需要一段过渡期，每天放牧时间要延长，否则会引起腹泻等不良现象。产冬羔的母羊正在哺育羔羊，产春羔的母羊刚刚分娩或正在妊娠的后期，需要营养较多。因此，除了正常放牧外，每天每只最好补喂干草 0.3 ~ 0.5 千克，补饲精料 0.20 ~ 0.25 千克，使其体质健壮，顺利渡过春季的枯草期。

（7）春季要保持圈舍卫生，坚持羊群“无病早防、有病早治、防重于治”的原则。羊的疫苗的种类很多，有“三联四防”疫苗（羊快疫、猝疽、肠毒血症）、羊痘弱毒苗等。由于各地区传染病不止一种，疫苗性质及免疫期长短不一，必须根据各种疫苗的免疫特性，合理安排免疫接种的间隔时间和接种次数，这样才能有效预防和控制肉羊传染病的发生，使羊群全年免受重大传染病的危害。

49. 春季羊放牧怎么谨防羊“馋嘴病”?

春季羊易患馋嘴病。原因是羊经过漫长的冬天，体内缺乏营养，体况较差，突然有幼嫩多汁的青草后，感到特别的香甜可口。但初春牧草刚发芽返青，草量很少，吃不饱肚子。而羊一旦尝到青草的香甜，羊宁肯饿着肚子也不再吃干草和黄草了。因此，就发生了“馋嘴病”。此病可使羊因长期饥饿而掉膘瘦弱，影响其生长发育和身体健康。那么，怎样来解决这个问题呢？任何药物对此病是不起作用的，只能用巧妙的方法来预防此病的发生。

（1）早春先躲青，尽量避免在幼嫩的青草地放牧，待青草长到10厘米左右时，估计放牧羊能吃饱了再开始跑青，早春要有意地让羊啃干草和黄草。

（2）跑青要逐渐过渡。开始可先放干草和黄草，每天放2～3小时的青草，逐渐增加放青草的时间，直到整天放牧青草。时间需经过10～15天的转变期。

（3）采用一条鞭的放牧法。此法就是每天放生场和生坡，这样的草场和山坡草量足，干草、黄草、青草都很新鲜，羊喜欢采食，吃得好，吃得饱。

50. 春季养羊如何补充铜元素?

春季的饲草中一般都缺乏铜，因为经过漫长冬季的风化，饲草中的铜损失严重，羊只更易发生缺铜症。

为了保证羊的健康，获得质量较高的羊毛，可在羊的饮水中添加适量的硫酸铜溶液。每只羊每天加入0.1%的硫酸铜溶液2毫升，连用5天。每隔20天再用5天，直到夏季青绿饲料充足时为止。这样既可以提高羊毛的质量，又可以保证羊只的生长发育和身体健康。

51. 夏季肉羊放牧饲养的注意事项有哪些？

夏季饲草丰富，正是肉羊放牧促膘的大好时机。但夏季天气炎热，极易造成羊只中暑或引起其他疾病。因此，养殖户要因地制宜，科学放养，以达到优羊优牧，快速育肥的目的。

（1）注意放牧方法。夏季天气炎热，上午放牧应早出早归，一般露水刚干即可出牧。中午11时至下午3时让羊在圈内休息吃草料，下午可在晚7时收牧。晴爽天气，应选择干燥的地方放牧；大热天要选择林木荫地放牧，以防中暑。

（2）注意给盐给水。夏季，肉羊在每天补喂1～2次混合饲料（麦麸、玉米面、豆饼等加稻糠、草糠制成）的同时，还要定期给盐给水，每天放牧羊要饮用4～6次淡盐水。切忌让羊饮用死塘水、排灌水、洼沟水或让羊在潮湿泥泞的地方吃草、休息，以免引起风湿病。

（3）注意风雨袭击。夏季雷阵雨较多，羊群一旦遭到袭击很容易伤体、感冒、掉膘，因此，夏天放牧应尽量避开大风雨。多雷多雨天气，放牧时可自带能容纳羊群的大块纤维布，四角扣牢在大树根上，中间用较粗的木棍顶起，即可让羊临时避雨。另外，切忌电闪雷鸣时在陡坡放牧，以防羊受惊摔伤。

（4）注意散热凉体。夏季羊很容易上火发病。因此，为保证羊体健康，每天让羊凉体十分重要。羊经过长时间放牧，往往造成疲劳闷热，羊胃很容易得病。中午放牧羊群不要急于赶入羊圈，可直接让羊在树阴下风凉休息、饮水。晚上放牧后，可待羊凉一段时间后再入圈舍。每次出牧和收牧时，不要急于赶羊，应让羊缓慢行走、活动、凉体散热。

（5）注意环境卫生。夏季高温多湿，羊放牧归来后，活动范围变小，容易造成圈舍的潮湿和环境不良，往往会引起寄生虫病的发生。因此，要注意羊舍的环境卫生、通风和防潮，保持羊舍清洁干爽，做好羊疥癣等寄生虫病的防治。日常喂给的饲料、饮水必须保持清洁，不喂发霉、变质、有毒及夹杂异物的饲料。饲喂用具经常保持干净。羊舍、运动场要常打扫，并定期消毒。

（6）注意防病治病和驱虫。

① 定期进行预防注射，注射时要严肃认真，逐只清点，做好查漏补注工作。放牧时要随时注意羊的精神状态、食欲和粪便情况。要特别注意羔羊的疾病防治。

② 当发生传染病或疑似传染病时，应立即隔离，及时请兽医进行观察治疗，对病死羊的尸体要妥善处理，深埋或焚烧，做到切断病源，控制流行，及时扑灭。

52. 夏季羊舍的温度如何控制?

我国夏季气温高，且持续时间长，对肉羊繁育和生产极为不利，故控制羊舍的温度非常重要。一般夏季羊舍温度不宜超过30℃。因此，要解决羊舍的降温和防暑问题，可提高肉羊养殖的经济效益。夏季羊舍的降温和防暑的方法很多，主要有以下几种。

（1）增加屋顶和外墙的热阻。采取增大外围护结构的热阻，减少结构内表面温度波动的方法来控制羊舍温度，即增加屋顶和外墙的外壳热阻。一般屋顶由三层组成：上层采用导热系数大的材料，中层采用蓄热系数大的材料，下层用导热系数小的材料，既可使舍外热量向内传播受阻，舍温高时，能使热量迅速向外散失。

（2）利用空气的隔热特性提高羊舍的隔热能力。空气导热系数小，是廉价隔热材料。炎热地区可造成含双层空气夹层的屋顶，减少辐射传热，增加空气流通，带走屋顶空间热量，提高屋顶隔热能力。

（3）遮阳和绿化窗户设挡板遮阳，阻止太阳光入舍。增大绿化面积，利用植物光合作用和蒸腾作用，消耗部分太阳辐射热，降低舍外温度。屋外种植花草，蓄水养鱼也可降温。

（4）加强羊舍夏季通风。羊舍布局于地形开阔处，朝向主风向，增大羊舍间距，错位布局，前排不挡后排主风向，进风口设在正压区，排风口在负压区。羊舍前后墙留较大的窗户，在羊舍靠近地面处设进风口和排风口，或安装排风扇、电风扇。

（5）羊舍的降温，当外界气温接近或高于羊体温时，用隔热、遮阳、通风等措施不能降低大气温度时，则采用冷水喷淋屋顶，进气口设空调器使入舍空气温度降低。

53. 秋季养羊应注意哪些问题？

（1）科学放牧。秋季天高气爽，中午炎热，早晚凉爽。放牧时应该坚持早出牧、晚收牧、中午避暑。

（2）抓好补饲。秋季养羊必须抓好补饲这道关。秋季为防止个别羊只吃不饱，夜间可适量补喂营养丰富、适口性好的精料，如玉米、饼类等，以促进长膘。特别是怀孕母羊每只每天应补料0.5～1千克，哺乳母羊每只每天应补料0.5～0.7千克，并根据膘情适当加减。

（3）加喂食盐。每只羊每天取食盐5～15克，将其化成1%的溶液，在上午放牧前让羊饮服，放牧回来后应给羊饮用井水。

（4）抓好配种。秋季母羊膘情好，发情正常，排卵多，易受胎，有利于胚胎发育。母羊一般秋季配种，春季产羔，以9～10月份配种为宜，来年2～3月产羔。母羊产羔后能很快吃上青草，有利于羔羊发育成长。

（5）分群管理。秋季是羊的配种旺季，公羊常追逐、爬跨母羊，如公母羊同群放牧、同栏饲养，常会因性活动的干扰而影响羊只吃草、休息，易造成怀孕母羊流产等现象，故宜将公母羊分群放牧。

（6）加强免疫，强化检疫净化。秋季是羊各种疾病多发和流行的高峰季节，可有计划地对羊口蹄疫、羊梭菌病、羊痘、羊炭疽等开展免疫接种，以预防传染病的发生。秋季羊群要净化羊布鲁氏杆菌病、结核病，对阳性羊进行无害化处理，确保人和羊群的健康。

（7）搞好消毒。对羊舍要勤打扫，保持羊舍内干燥清洁，定期用2%～5%氢氧化钠溶液，或10%～15%生石灰水溶液对羊圈内的用具、地面、粪便、污水等进行定期消毒，消灭外界环境中的病原，防止疫病的发生。

（8）及时驱虫。

54. 秋季羊怎么放牧？

（1）在晚秋有霜天放牧时，要晚出晚归，以防止羊吃带霜的草。

（2）严禁在潮湿泥泞的地方放牧、休息，以免引起风湿症和食入寄生虫卵。

（3）羊饮水是上午放牧前让羊饮服1%的食盐溶液，放牧回来后最好给饮洁净的井水或泉水，不要饮污水。

（4）羊爱吃洁净的草料，采食前总要先用鼻子嗅一嗅，宁可忍饥挨饿也不吃被其他羊只粪便污染、践踏的草料。因此，要注意放牧的羊群数量不能太多，一般以30只左右为宜，另外，在放牧时应注意一字形排开。

55. 冬季养羊应注意哪些问题？

（1）要备足饲料。

（2）要整顿羊群。

（3）要防寒保暖。

（4）要合理放牧和舍饲冬季放牧。

（5）及时补饲。

（6）保证饮水。

（7）要搞好卫生防疫。

（8）怀孕母羊注意保胎。

56. 冬季怎样充分备足饲料？

冬季，野外供羊采食的草料稀少，且枯草衰叶的能量和营养价值都很差，羊在越冬期若吃不好、吃不饱则极易造成掉膘。而且，冬季多数母羊处于受孕期，若饲料供应不足，会严重影响胎儿的发育。因此，备足越冬草料，给羊补饲至关重要。饲料的贮备可按每只羊体重的3.5%计算，其中，粗饲料占70%～80%，精料占20%～30%。粗饲料以当地的农作物秸秆为主，也可将花生秧、地瓜秧、豆叶等收集起来以作越冬饲草，可降低饲养成本。有条件的可在秋季贮备青贮料或盐化秸秆，若没有青贮饲料，应注意贮备部分块根块茎类饲料。

57. 冬季如何整顿羊群?

经过夏秋季放牧，个体增重情况各不相同，若个别羊体质弱，增重少，仍很消瘦就很难度过严寒的冬季。

（1）在入冬前，需对整个羊群进行检查，对一些难以越冬的老羊，产绒量低、连年不孕的母羊以及发育不好的育成羊，可进行适当的淘汰。

（2）对留用越冬的剩余羊只，要按羊的营养状况进行组群，然后根据不同的情况，给予不同的放牧、补饲管理。

（3）常有不少母羊在越冬期间产羔，应在母羊产羔前将其移入产羔室单独护理。

（4）初生羔羊经过一段时间的吃乳和适时训练后，要单独组织羔羊群，避免其随大群羊远距离放牧，可由专人负责让羔羊群近距离放牧，放牧后要赶入羔羊圈，不可与成年羊群同圈饲养。

58. 冬季羊舍的温度如何控制?

我国北方冬季气候寒冷，按普通羊舍建造设计，舍内温度远远低于肉羊正常生长所需的适宜温度。冬季产羔羊舍，温度最低应保持在8℃以上，一般羊舍在0℃以上。因此，冬季羊舍要注意保温。

冬季羊舍保温可采用塑料膜大棚式羊舍、封闭式羊舍或采用火炕来提高舍温。

59. 冬季如何给羊防寒保暖?

冬季气温低，羊体消耗热能多，要做好保暖工作。

（1）入冬后对圈舍进行一次彻底检查，修补漏洞，对破烂、漏雨、透风的羊舍要及时进行修缮。进入寒冬，还要在羊舍出口和通风口挂上草帘或棉门帘，防止贼风入侵和雨雪飘入，保证舍内温暖干燥。寒潮来时，应加厚垫草。

（2）千万不能在羊圈内燃火升温，以防羊只因烟熏而患上肺炎。防寒保暖要做到“一保、二用、三不、四勤”。

“一保”是保证圈舍清洁卫生、干燥温暖；

“二用”是用温水喂羊，用干草垫舍；

“三不”是圈舍不进风、不漏雨、不潮湿；

“四勤”是圈舍勤垫草、勤换草、勤打扫、勤除粪。

60. 冬季怎样合理放牧?

（1）一般应选择避风向阳、地势高燥的阳坡低凹处。初冬要迟放早归，注意抓住晴天中午暖和的时间放牧，让羊尽量多采食一些草，但不要让羊吃到霜冻的草和喝冰水，若羊放牧不能吃饱，回栏后要进行补饲。

（2）到深冬季节，羊就要进行舍饲。舍饲期间除了保证羊青干草和精饲料外，还要增加羊的运动，在晴天应尽量让羊出去运动，以增强体质，提高越冬活力。

61. 冬季羊如何补饲?

冬季牧草不足或牧草不好的地区，羊群仅靠放牧很难满足其营养需要，一般每年 11 月下旬逐渐发生羊群采食不足的情况，12 月份开始掉膘。因此，在此期应及时的补饲，决不能补饲过迟。如果发现有的羊已不能随羊群放牧时再补饲，往往起不到补饲的作用。

（1）补饲方法可采用半日放牧、半日补饲，这样既可避免羊消耗体力，又可达到羊保膘的目的。

（2）补饲干草可分早晚 2 次补给，干草多为花生秸、豆秸、野草等，也可补给青贮饲料。1 只成年羊每天补饲干草 0.5 ~ 1.0 千克或青贮饲料 1 ~ 2 千克。如果羊数量少，可将草放在筐里，再把筐吊起来饲喂；羊数量多时，可自制草架喂草；还可把草捆起来，吊在羊能吃到的高度喂给。

（3）补饲精料可用谷粉、玉米粉、米糠、豆饼等组成混合精料，在晚上一次喂给，每只成年羊每天喂0.2～0.3千克。

（4）怀孕母羊、种公羊、羔羊应给予矿物质、维生素。

62. 冬季如何保证羊的饮水？

冬季草料干燥，必须保证饮水充足。一般可在每天午后2时饮一次，晚上归牧后再饮一次，水温25℃左右为宜，不要给羊饮冷水和冰碴水。

63. 冬季怎样搞好卫生和防疫？

（1）冬季要经常检查圈舍，保持圈舍、垫料、饮水、草料的清洁卫生，必要时每周对圈舍进行彻底消毒，随时保证羊体表清洁卫生，经常对粪便进行生物处理。

（2）抓好羊防病灭病工作。冬季羊体乏弱，抗病能力降低，如遇疾病传染，易造成大批死亡。因此，要搞好羊疾病的防治和驱虫工作，特别要抓好羊痢疾、大肠杆菌病、羊链球菌病以及感冒病的防治，在秋末冬初要定期接种疫苗。同时，为了防治寄生虫病的发生，平时经常用驱虫药对羊进行预防性驱虫，确保羊体健壮，抵抗寒冬侵袭。

64. 冬季怀孕母羊保胎时要注意哪些？

进入冬季，大多数母羊都已怀孕，要注意做好保胎工作。

（1）孕羊出入圈门要防止拥挤、碰撞和顶架，避免流产。

（2）冬季天寒路滑，放牧时要注意防跌滑，要慢走，不爬陡坡、不走冰道、不使羊群受惊吓。

（3）归牧时要控制好羊群，避免紧追急赶，以保证孕羊的安全和顺利分娩。

65. 羊舍的湿度如何控制?

羊舍应保持干燥，地面不能太潮湿，空气相对湿度以50%～70%为宜。为控制羊舍湿度，应重点做好羊舍内的排水，由排尿沟、降口、地下排水管和粪水池构成。排尿沟设于羊栏后端，紧靠除粪便道，至降口有1°～1.5°坡度。降口指连接排尿沟和地下排水管的小井，在降口下部设沉淀井，以沉淀粪水中的固形物，防止堵塞管道。降口上盖铁网，以防粪草落入。地下排出管与粪水池有3°～5°坡度。粪水池应距饮水井100米以外，其容积应能储存20～30天的粪水尿液。

66. 羊舍光照时间是多少?

无自然光的密闭式羊舍当中补充照明强度至少要达到40勒克斯，照明时间至少每天8小时。

散养的羊会寻找黑暗的区域来休息。羊分娩之后增加光照强度和时间可促进羔羊哺乳和母羊泌乳，从而提高羊的体重。

67. 羊舍怎么补充光照?

（1）安装定时开关。这样可以节省能源，又能节省人工，否则还要有人每天记住开灯关灯。

（2）检查羊舍的灯泡，看看能否在不影响光照资源的前提下节省能源。

（3）将墙壁刷白以便增加反射。

68. “假死”的羔羊如何造成的?

羔羊生下时发育正常，由于窒息而呈呼吸困难、不呼吸或有很微弱的呼吸，心脏仍有跳动，这种现象称“假死”。目前，造成“假死”的原因主要有以下几个方面。

① 胎儿过早发生呼吸动作而吸入了羊水。

② 子宫内缺氧。

③ 难产、分娩时间过长或受惊等原因。若遇到这种情况一定要认真检查，不应把“假死”的羔羊当成真死的羔羊扔掉，以免造成经济损失。

69. 如何抢救“尚未完全窒息，还有微弱呼吸”的“假死”羔羊?

对“假死”羔羊抢救时不管采用哪一种方法治疗，都必须争取时间及早进行，如不及时抢救，往往造成死亡。

如果羔羊尚未完全窒息，还有微弱呼吸时，应立即提着后腿，倒吊起来，轻拍打背、胸部、胸腹部，刺激呼吸反射，同时促进排出口腔、鼻腔和气管内的黏液和羊水，并用干净的布擦干羊体，然后将羔羊泡在温水中，使头部外露。稍停留之后，取出羔羊，用干布片迅速擦拭身体，然后用毡片或棉布包住全身，使口张开，用软布包舌，每隔数秒钟，把舌头向外拉动一次，使其恢复呼吸动作。待羔羊复活以后，放在温暖处进行人工哺乳。

70. 如何抢救“已不见呼吸”的“假死”羔羊?

（1）若羔羊已不见呼吸，必须在除去鼻孔及口腔内的黏液及羊水之后，使羔羊卧平，用两手有节律地推压羔羊胸部两侧；也可用酒精棉球或碘酒滴入羔羊的鼻孔里刺激羔羊呼吸；或向羔羊鼻孔吹气，喷烟来刺激羔羊呼吸，使之苏醒；或用浸有氨水的棉花放在鼻孔上；或用草秆刺激鼻腔黏膜；或同时注射尼可刹米、洛贝林或樟脑水 0.5 毫升。若仍不见效，可将其倒提起来抖动，并有节律地轻压胸腹部以诱发呼吸，同时使呼吸道内的液体流出。

（2）羔羊出生后不呼吸，闭目，用手触摸心脏部位可感到有微弱的心跳。出现这种情况后，必要时进行人工呼吸。首先擦净羔羊鼻孔及口腔内外的黏液，然后用手握住其两后肢将羔羊倒提起，用一只手轻轻拍打羔羊的腰部，促使羔羊排出口鼻内的黏液。随后将其平稳地放在地面草苫上，用口对准羔羊鼻孔吹气。最后用手轻轻拍打羔羊胸部 3 ~ 5 下，用一只手握住两前肢，另一只手握住两后肢向内、向外一张一合反复进行，直至羔羊呼吸为止。同时，要肌内注射安钠咖或尼可刹米0.2毫升。

71. 如何抢救冻僵的“假死”羔羊?

（1）应立即将其移进暖室进行温水浴。水温由38℃开始逐渐增加至45℃，在进行温水浴时应将羔羊的头部露出水面，用少量温水反复洒向心脏区，同时结合腹部按摩，等待羔羊苏醒后，立即取出，用干布擦拭全身。

（2）给脐动脉内注射10%氯化钙2~3毫升。治疗原理是在脐血管和脐环周围的皮肤上，广泛分布着各种不同的神经末梢网，形成了特殊的反射区，所以从这里可以引起在短时间内失去机能的呼吸中枢的兴奋。

72. 如何抢救“低蛋白血症、低血糖症”濒死的羔羊?

（1）对四肢瘫软、口鼻俱凉、呼吸微弱的低蛋白血症、低血糖症濒死羔羊，可采用25%葡萄糖、维生素C等药物进行静脉注射。

（2）对四肢抽搐、游泳状、头背后仰、口吐白沫、心力衰竭、眼睫尚存反射的濒死羔羊，可加大氢化可的松10~20毫克，安钠咖1毫升。

73. 羔羊如何饲养?

（1）做好泌乳母羊的补饲。

（2）吃好初乳。

（3）适时开食补料。

（4）抓好断奶关。

（5）做好母羊产后补料关。

74. 如何保证羔羊吃好初乳？

羔羊在出生后 3 小时内必须及时吃足初乳，初乳（俗称“胶奶”）是母羊分娩后 1 周以内所分泌的乳汁，是羔羊最好的滋补品，羔羊越早吃到初乳越健壮。初乳相当于羔羊的安全药，它含有初生羔羊所需的抗体、酶以及激素等。此外，初乳有轻泻作用，可促进羔羊胎便排出，增强羔羊对疾病抵抗力。如果是一胎三羔，要分开轮流哺乳，这对增强羔羊体质、提高抗病力、排出胎粪、提高成活率很重要。对体弱的羔羊要人工辅助喂奶，对母羊没有初乳的羔羊，要喂给其他母羊的初乳或加入少量泻药的牛奶，促使胎粪及早排出。

75. 怎样做好羔羊的开食补料？

羔羊出生后，除吃足母乳外，还要尽早给予补饲。及早开饲能促进羔羊胃肠发育，使消化机能尽早完善，增进食欲，增加采食量，增强羔羊体质，加快生长发育，提高羔羊的成活率。

（1）羔羊出生 10～15 日龄就可以训练吃草料。选择优质的青干草，捆成直径 5 厘米的小草把，吊在房梁和墙四周，让其自由采食。补饲精料可以把玉米粒、大豆粒炒熟后粉碎成面，拌入少许胡萝卜丝、食盐和骨粉，放入食槽内任羔羊舔食。

（2）30 天后改为拌湿混合料（玉米 6 份、大麦 2 份、豆饼 1 份、骨粉 1 份，混合加工成粗粒）。刚补料羔羊每日每只 50 克，分多次可喂；1～2 月龄羔羊每日 100 克，分两次可喂。

（3）2 月龄以上喂 150 克，分 3 次可喂。同时喂以优质牧草、青干草等，少喂勤添，补精料量随羔羊日龄的增加而增加。羔羊舍内要设水槽，经常刷洗换水，保持清洁。在舍内设置盐槽，让羔羊自由舔食。

76. 如何抓好羔羊的断奶关？

一般发育正常的种用羔羊 3 月龄、肉用羔羊在 2 月龄就可以断奶。这样既能锻炼羔羊独立生活能力，又利于母羊增膘复壮，为满膘配种创造条件。

（1）对体重大、发育好的羔羊可以先断奶。

（2）对体重小、瘦弱的羔羊酌情延长哺乳日期，离乳后，羔羊留在原圈培育。将母羊赶到较远的羊舍饲养，以免羔羊恋母，影响采食。

（3）羔羊离乳后要加强饲养和放牧，以满足羔羊生长发育对营养的需要。

77. 推广冬羔生产有哪些益处?

全面推广冬羔生产，可促进羔羊生长，提高农户养羊的经济效益。

（1）克服枯草后期母畜膘情严重下降与胎儿后期（胎儿后 3 个月）主要生长发育阶段营养不足的矛盾。

传统的春羔一般在农历 10 月配种，胚胎发育期正值北方漫长的枯草期内，而胎儿的主要发育阶段正处于枯草后期的母羊严重掉膘阶段。所以实现冬羔生产、提前配种，可克服枯草后期母畜膘情严重下降与胎儿后期（胎儿后 3 个月）主要生长发育阶段营养不足的矛盾。

（2）可大幅度减少弱羔和羔羊先天性营养不良性疾病。因为春羔易造成羔羊先天营养不良性疾病，如低血糖、低蛋白血症、白肌病、佝偻病等。另一方面，由于出生羔羊不能从母体的初乳中获取免疫球蛋白或者是母源抗体，必然造成抗病能力的下降。所以冬羔生产可以减少先天性疾病、弱羔的产生。

（3）减少母羊体弱造成的无乳或少乳。因为产春羔的母羊容易出现严重的缺乳或少乳问题。而推广冬羔生产，枯草前期母羊膘情处于相对稳定期，此期产羔可以解决无乳和少乳的问题。

（4）冬羔生产可当年育肥出栏，缩短生产周期。

（5）可减少感染机会。因为冬羔生产期相对气温低，致病菌相对被抑制。春羔生产期间气温多变，致病菌相对活跃，羔羊发病率相应提高。

（6）可相应延长羔羊的生长发育期，消除春羔中弱羔不能越冬的问题。

78. 羔羊如何护理？

（1）搞好环境卫生并定期消毒。

（2）精心管理，防寒保暖。

（3）加强羔羊的运动。

（4）做好羔羊的疫病防治。

79. 怎样搞好羔羊护理期间的环境卫生和消毒工作？

为了给羔羊提供干净的环境，减少各种疾病的发生，必须搞好圈舍环境卫生和消毒工作。

（1）在母羊产前 7 ~ 10 天，将产羔舍及其周围清扫干净，并用 10% ~20% 的生石灰水或 2% ~3% 的来苏儿溶液消毒。

（2）剪去产前母羊乳房周围的污毛，然后用温水将乳房洗净，再用 0.1% 的高锰酸钾消毒。

（3）育羔期间，每天将产房和羔羊舍打扫干净，保持清洁，保持圈内干燥卫生。同时，要及时更新垫草，铺撒草木灰。

（4）羊舍及用具要定期消毒，保持良好卫生环境。

80. 接羔棚舍温度、湿度怎么控制？

一般棚舍温度在 10℃ 左右为宜，此温度有利于羔羊适应气候环境和昼夜温差的变化。若温度过低会引起初生羔羊发病或死亡；温度过高与外界环境温差太大，不利于羔羊逐步适应自然环境，同时易于感冒发病。

实践中把出生羔羊放在热炕头或炉火边烘烤并不可取，对受寒羔羊突然放入高热环境更不可取，寒热往来会诱发疾病。

接羔棚舍潮湿无论室温高低都会诱发疾病。所以应保持良好的通风换气，特别是对 7 日龄后的羔羊，应在晴天到室外逐步放风，使其习惯环境。

81. 羔羊怎样精心管理和防寒保暖?

（1）刚出生的羔羊胎毛稀薄、体温调节能力较差，抗寒力弱，因此圈舍条件必须良好。羊圈应阳光充足，多铺垫草并勤更换。

（2）对病羔设隔离圈单独饲养。

（3）羔羊出生头几日，舍温保持在10℃左右，10天后不应低于5℃。

（4）羊舍内应保持干燥卫生，通风良好，相对湿度为65%，避免穿堂风。天气寒冷时，可将稻草上端捆扎成束挂在垫草上方，稻草束的下端散开刚好着地，羔羊钻进去便可保温。

82. 怎样加强羔羊运动?

羔羊出生后，羊圈内应保持合理密度，每只羔羊要有0.8米^{2}的活动空间。一周后，天晴无风时，羔羊可与母羊一起到圈外运动晒太阳，但时间不宜太长。20日龄后，天气暖和可以赶出去放牧，放牧时间只能逐渐延长，以增加羔羊的适应能力。

83. 羔羊的疫病如何防治?

对羔羊疫病的防治要遵照“预防为主”的原则，这是提高羔羊成活率的关键之一。

（1）羔羊的适应性和抵抗力都较弱，饲养人员要在每次喂料时认真观察羔羊的精神、食欲和粪便情况，发现问题及早处理。一旦发现羔羊有病，要立即隔离，及时治疗。

（2）羔羊下痢一般初生后2～4天为多，7天后则明显减少，发病治愈率也相应提高。但在第2年应更换预防药物，以防止耐药菌株的产生。为了预防羔羊痢疾发生，可在羔羊出生日开始服用土霉素，每次0.02～0.05克/千克体重，每天2次，连用6天。

（3）羔羊2～3周后，每只肌内注射牲血素（右旋糖酐铁）1.0毫升。2～3月龄每只肌内注射牲血素1.5毫升，可减少羔羊腹泻病和贫血发生。

（4）要定期注射羊快疫、羊猝疽、肠毒血症的“三联四防”苗或厌氧菌五联苗。

（5）定期驱虫。

84. 出生后7天内的羔羊怎么护理？

羔羊出生7天内，大致相当于人类乳婴的围产期，离开母体生长发育的环境，防卫机能尚不健全，生命稚嫩，如不适当护理极易诱发疾病导致死亡。而7天之后发病率明显减少，抵抗力增强，所以7天内的护理可以说是决定产仔成活的关键。

（1）减少脐带感染。

（2）代乳或人工补饲。

（3）搞好圈舍环境卫生及用具消毒。

（4）做好药物预防及治疗。

（5）救治濒死羔羊。

（6）防治羔羊肺炎。

（7）接羔棚舍温度、湿度要适宜。

85. 羔羊死亡的原因有哪些？

（1）取决于繁殖母羊的膘情与体质。一般“母肥子壮”、“羔胖病少”，还有临产母羊子宫阵缩无力造成的延产死亡、弱羔无力突破胎膜引起的死亡和初产母羊的难产。

（2）羔羊出生所处的环境条件。主要是指温度、湿度与卫生环境。

（3）羔羊出生7天内的科学护理。做好接羔工作是各个环节有机的相加与延续，是一个整体的链条，某个环节出现问题都会导致整体产仔成活率的下降。

86. 如何减少出生羔羊的死亡？

（1）减少母羊体弱造成的无乳或少乳。

（2）减少传染性疾病造成的死亡。在加强怀孕母羊饲养管理的同时，应根据计划免疫项目及时做好免疫工作，搞好流通检疫，特别是口蹄疫、羊痘、布病、结核等急烈性传染病。这些都会给羔羊生产造成巨大经济损失。

（3）全面推广冬羔生产。

（4）加强母羊孕期微量元素的补充。

（5）加强羔羊出生后 7 天内的护理。

（6）产羔母羊留饲。

（7）羔羊饮食和饮水。羔羊出生 10 天后，应给予自由饮水和盐砖自由舔食，15 天后提供细软草料锻炼采食。

（8）防止意外伤害死亡。意外伤害死亡每年占初生羔羊死亡 3% 左右，这方面的损失应尽力避免。

87. 羔羊出生后怎么减少脐带感染?

在生产实践中脐带消毒往往被忽视，在羔羊出生时不注意脐带消毒，不仅可以引发脐带炎，更为严重的是当微生物侵入体内可引起菌血症、膀胱炎及输尿管炎、肠炎、关节炎等疾病，若不早期发现治疗，便会造成死亡。因此，在羔羊出生时一定要对脐带进行结扎，并用 5% ~10% 碘酒进行消毒。

88. 羔羊常见的危急病症有哪些?

（1）羔羊吸入胎水。羔羊出生后呼吸急促，肋骨开张明显，低头闭目，因呼吸困难吮乳间断，口腔及鼻端发凉，如不及时救治，多在 3 ~4 小时后死亡。

（2）出生羔羊“假死”。

（3）脐带挣断出血。羔羊出生后自行挣断或接生时不慎拉断脐带而出血不止，羔羊精神不振，结膜苍白，站立不稳，进而死亡。

（4）产后弱羔。先天性营养不良的羔羊，出生后体躯弱小、腿细瘦弱，不能站立。其他原因引起的弱羔表现为呼吸微弱，四肢无力伸动，体温多在常温以下，四肢末梢及耳、鼻尖均凉，多呈现昏迷状态。

89. 羔羊吸入胎水怎么救治?

羔羊吸入胎水可用50%的浓葡萄糖注射液20毫升加入安钠咖0.2毫升，一次静脉注射，同时肌内注射青霉素5万~10万单位，间隔4~6小时再用药一次。

90. 羔羊脐带挣断出血怎么办?

(1) 羔羊脐带挣断出血主要根据脐带断裂残留的情况来处理。如果羔羊出生后十几分钟脐带血流不止，而脐带根尚有残留部分时，用消毒过的缝合线在脐带根部扎紧即可。

(2) 如果脐带是在基部挣掉且血流不止，用袋口缝合法将脐带基部周围的皮肤缝合扎紧即可。同时，注射止血、消炎药物。

91. 产后弱羔如何救治?

(1) 采取温水浴。用大盆放40~42℃温水，将羔羊躯体沐浴在温水里，头部伸向盆外，防止被水呛死，边洗浴边不时翻动。水温下降时倒出一部分水再添上一部分热水，使水温保持在40~42℃。水浴半小时后，羔羊口腔发热，睁开眼睛并出现吮乳动作，即可擦干羔羊，放到温暖避风处哺给初乳。

(2) 对体质弱或病情较重的羔羊可在温水浴的同时注射25%的葡萄糖和10%的葡萄糖酸钙各10毫升。对营养不良的弱羔温水浴后要采取综合措施加以治疗，一方面要加强母羊的补饲，多补喂蛋白质丰富的饲料以保证其有足够的乳水。另一方面对弱羔要补喂鱼肝油以及人用奶粉或肌内注射维生素A。

92. 育成羊的生长发育特点有哪些?

羔羊在3~4个月龄时离乳，到第一次交配这个年龄段叫育成羊。

（1）生长发育速度快。育成羊全身各系统均处于旺盛生长发育阶段，与骨骼生长发育密切的部位仍然继续增长，如体高、体长、胸宽、胸深增长迅速，头、腿、骨骼、肌肉发育也很快，体型发生明显的变化。

（2）瘤胃的发育更为迅速。6 月龄的育成羊瘤胃迅速发育，容积增大，占胃总容积的 75% 以上，接近成年羊的容积比。

（3）生殖器官发生变化。一般育成母羊 6 月龄以后即可表现正常的发情，卵巢上出现成熟卵泡，达到性成熟；育成公羊具有产生正常精子的能力。

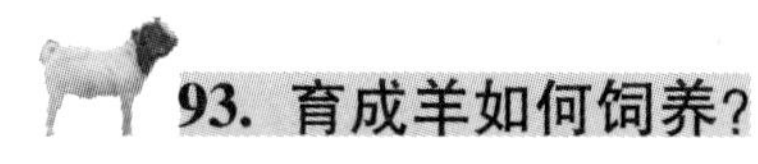

93. 育成羊如何饲养?

育成羊的饲养是否合理，对体型结构和生长发育速度等起着决定性作用。饲养不当，可造成羊体过肥、过瘦或某一阶段生长发育受阻，出现腿长、体躯短、垂腹等不良体型。为了培育好育成羊，要适当提高精料营养水平，采取合理的饲喂方法和饲养方式。

94. 如何适当提高育成羊的精料营养水平?

（1）羔羊离乳后，根据生长速度越快需要营养物质越多的规律，应分别组成公母育成羊群。离乳后的育成羊在最初几个月营养条件良好时，每日可增重 150 克以上，每日需要风干饲料在 0.7 ~ 1.0 千克。月龄再长，则根据其日增重及其体重对饲料的需要适当增加，在育成羊这个阶段仍需注意精料量。

（2）有优良豆科干草时，日粮中精料的粗蛋白质含量提高到 15% 或 16%，混合精料中的能量水平占总日粮能量的 70% 左右为宜。每天喂混合精料以 0.4 千克为好，同时还需要注意矿物质如钙、磷和食盐的补给。

（3）育成公羊由于生长发育比育成母羊快，所以，精料需要量多于育成母羊。

95. 育成羊怎样的饲喂方法和饲养方式合理?

(1) 离乳编群后的育成羊，正处在早期发育阶段，断乳不要同时断料，在出牧后仍应继续补料。

(2) 严冬舍饲期较长，需要补充大量营养，应以补饲为主，放牧为辅。

(3) 要做好饲料安排，合理补饲。饲料类型对育成羊的体型和生长发育影响很大，优良的干草、充足的运动是培育育成羊的关键。给育成羊饲喂大量而优质的干草，不仅有利于促进消化器官的充分发育，而且培育的羊体格高大，乳房发育明显，产奶多。

(4) 充足的阳光照射和得到充分的运动可使其体壮胸宽，心肺发达，食欲旺盛，采食多。只要有优质饲料，可以少给或不给精料，精料过多而运动不足，容易肥胖、早熟早衰，利用年限短。最好喂给质量好的豆科草、青干草、青贮及其他农副产品。

96. 如何选择肥羔羊?

肥羔羊要选择适应性强、抗病力强、适应市场需求、耐粗饲的肉用绵羊或杂交改良绵羊，以及优良地方品种的断奶羔羊（2 月龄）。肥育羔羊应来自非疫区，经当地动物检疫部门检疫合格。推行杂交羊，利用地方良种和引入良种杂交生产肥羔进行肥育，当年可出栏。这样既利用了杂种优势，也保存了当地品种的优良特性。如小尾寒羊可引入萨福克肉羊或道赛特肉羊进行改良的杂种羊进行育肥。

97. 肥羔育肥前如何准备?

(1) 育肥场址选择。育肥场址选择在地势平坦高燥、交通便利、供电方便，水源充足，水质良好（符合国家生活饮用水标准），排污方便，无疫病、重金属等污染的地方。羊舍建造应背风向阳，冬暖夏凉，便于清洗消毒和日常管理。

(2) 饲草饲料准备。饲草饲料要来源于非疫区、非工业污染区，符合国家饲料卫生标准要求。购买、贮藏青干饲草时，要做到无毒、无害、无霉变、无农药残留。农作物秸秆青贮、微贮、氨化处理时，要严格遵循有关技术要求。严禁使用人工合成激素类和其他未经允许的药物添加剂。

（3）合理搭配饲料。按照羊育肥期营养需要标准配合日粮，日粮中的精料或粗料应多样化，增加适口性。任何一种饲料都不能满足羊只生产的需要，特别是肉羊育肥要求的饲料营养更高。多种饲料合理搭配，各种营养成分相互调剂，才能配制出全价日粮，提高饲料转化率和增重速度。

98. 肥羔育肥日粮如何配制?

（1）合理利用农作物秸秆。由于农作物秸秆营养价值低，吸收利用差，必须与其他饲草和精料结合利用，可充分利用红薯秧、花生蔓和树叶等。一般秸秆饲料可以达到粗饲料的50%左右。

（2）采用多种农副产品科学配制混合精料。一般玉米、高粱等占50%～70%，糠麸占15%～30%，豆粕占10%～20%。

（3）精粗饲料合理搭配。羊育肥日粮中一般粗、精饲料的比例为60∶40或50∶50。只要粗饲料品质好，可降低精料比例。

（4）矿物质、微量元素的补充。矿物质元素一般须添加钙、磷、钠、氯等。微量元素的补充多以预混料的形式按说明添加于精料中。

99. 肥羔羊怎么育肥?

（1）预饲期。羔羊入舍后1～3天，供给充足饮水，喂给优质青干草；4～6天加喂少量精饲料，按体重大小和性别进行分组，并进行全面驱虫和免疫接种，让羔羊适应新环境。从第7天开始加喂精料（日粮有玉米30%，干草64%，饼粕5%，食盐1%；10～14天日粮调整为玉米39%，干草55%，饼粕5%，食盐1%），饲喂量以能在30～45分钟内吃完为准。

（2）肥育期。以优质青干草加玉米肥育为主，精粗比例为

60∶40，日粮配制有玉米57%，干草40%，饼粕2%，食盐1%，同时还要补一些骨粉、微量元素、青绿饲料。

100. 肥羔羊育肥期间如何进行疫病防治?

（1）定期免疫。羔羊在预饲期内免疫接种多联苗，用于预防羊快疫、炭疽、肠毒血症、羔羊痢疾、黑疫和大肠杆菌病，注射方法和剂量根据羔羊体重大小按说明使用。疫苗要来源于兽医部门经营的合格疫苗。

（2）定期进行驱虫。预饲期内进行体内外驱虫，常用于驱除肝片吸虫的有硫双二氯酚，每千克体重80～100毫克，一次口服；硝氯酚，每千克体重4～6毫克，一次口服；驱虫净每千克体重10～20毫克，口服。用药浴方法驱除体外寄生虫，常用的药浴液有0.1%～0.2%杀虫脒溶液或1%敌百虫溶液。

（3）全面消毒。羊场场区每两月进行一次全面消毒，圈舍内每两周进行一次带羊消毒。羊场内应备有4种以上不同类型的消毒药（如：碘类、复合酚类、季铵盐类、过氧乙酸类、醛制剂等）交替使用，消毒药的使用严格按照产品使用说明书中规定的浓度和使用方法进行。

（4）强化防控。发生传染病后，要在24小时内上报当地畜牧主管部门，对发病的羊只及时隔离，积极治疗，严禁转移。

（5）加强检疫。需要屠宰的肉羊14天之内不得使用任何兽药和疫苗，出栏时必须经当地动物检疫部门检疫，合格后方可出售。

101. 后备羊如何饲养和管理?

此阶段羊生长发育快、增重强度大，对饲粮条件要求高。此时日粮以精料为主，结合优质青干草和多汁饲料。日粮的纤维素含量5%～20%为合适。

一般育成母羊在满8～10月龄，体重达到40千克或达到成年体重的65%～70%时配种。育成母羊不如成年母羊发情明显和规律，所以要加强发情鉴定，以免漏配。8月龄前的公羊一般不要采精或配种，须在12月龄以后，体重达60千克以上时再参加配种。

育成羊中经过严格选拔的后备公羊，应在饲养管理条件较好的地方培育。后备公羊最好坚持常年放牧，青草期间每天不少于10小时，枯草期每天不少于6小时。整个培育期共补喂精料140～160千克，其中，豆饼占30%～40%，草料要少给勤添，多喂几次，冬季喂1～2次夜草。

102. 妊娠母羊如何饲养管理？

（1）妊娠母羊妊娠前期的饲养管理。母羊在妊娠期间良好的管理是保羔的最好措施。妊娠前期是指母羊妊娠后的前3个月，饲料以高蛋白、低能量为主。

妊娠前期胎儿发育较慢，饲养的主要任务是维护母羊处于配种时的体况，满足营养需要。怀孕前期母羊对粗饲料消化能力较强，可以用优质秸秆部分代替干草来饲喂，还应考虑补饲优质干草或青贮饲料等。

日粮可由50%青绿草或青干草、40%青贮或微贮、10%精料组成。

妊娠前期精料配方：玉米84%、豆粕15%、多维添加剂1%，混合拌匀，每日喂给1次，每只每次150克。

（2）妊娠母羊妊娠后期的饲养管理。妊娠后期是指产前2个月内的时期，饲料以高能量、低蛋白为主。

在妊娠后期胎儿生长快，90%左右的初生重在此期完成。如果此期母羊营养供应不足，就会带来一系列不良后果。

① 首先要有足够的青干草，必须补给充足的营养添加剂，另外补给适量的食盐和钙、磷等矿物饲料。

② 母羊除采食青粗饲料外，应补喂精料。饲喂怀孕母羊的饲草和补喂的精料要力求新鲜、多样化，如幼嫩的牧草、胡萝卜等青绿多汁饲料。

③ 在妊娠前期的基础上，能量和可消化蛋白质分别提高20%～30%和40%～60%。日粮的精料比例提高到20%，产前6

周为 25% ~30%，而在产前 1 周要适当减少精料用量，以免胎儿体重过大而造成难产。

④ 妊娠后期的精料配方。

配方一：玉米 74%，豆粕 25%、多维添加剂 1%，混合拌匀，早晚各 1 次，每只每次 150 克。

配方二：黄豆 40%、玉米 30%、大麦 20%、小麦 10%，磨成浆，再添加相当于饲料总量 10% ~15% 豆粕、5% ~8% 糠麸、1% 食盐、3% ~5% 骨粉或贝壳粉。每天给孕羊补喂 2 ~3 次，每次 50 ~100 克。

（3）妊娠母羊孕期要补充大量的微量元素，要使用稀土矿物质微量元素盐砖（配方按比例含有钙、磷、铜、锌、硒、碘、钴等 16 种常量和微量元素），这样，可有效预防因缺钙引起的软骨症、缺硒引起的白肌病及弱羔、流产等疾病。

103. 羊妊娠期管理应注意哪些？

（1）此期的管理应围绕保胎来考虑，要细心周到，喂饲料饮水时防止拥挤和滑倒，不打、不惊吓羊。增加母羊户外活动时间，干草或鲜草用草架投给。产前一个月，应把母羊从群中分隔开，单放一圈，以便更好地照顾。产前一周左右，夜间应将母羊放于待产圈中饲养和护理。

（2）每天饲喂 3 ~4 次，先喂粗饲料，后喂精饲料；先喂适口性差的饲料，后喂适口性好的饲料。饲槽内吃剩的饲料，特别是青贮饲料，下次饲喂时一定要清除干净，以免发酵生菌，引起羊的肠道病而造成流产。

（3）严禁喂发霉、腐败、变质饲料。

（4）不饮冰冻水，饮水次数不少于 2 ~3 次/天，最好是经常保持槽内有水，让其自由饮用。

104. 如何给分娩羊进行接产？

母羊产羔时，一般不需助产，最好让它自行产出。接羔人员应观察母羊分娩过程是否正常，并对产道进行必要的保护。正常接产时首先剪净临产母羊乳房周围和后肢内侧的羊毛；然后用温水洗净乳房，并挤出几滴初乳，最后将母羊的尾根、外阴部、肛门洗净，消毒。

一般情况下，羊膜破裂后半小时羔羊就会生出。羔羊出生时，一般先看到其前肢的两个蹄，接着是嘴和鼻，到头露出后即可顺利产出。产双羔时前后间隔短的有5~30分钟，长的有几个小时。此时母羊疲倦无力，需要助产。羔羊生下0.5~3小时胎衣即脱出，要拿走，防止被母羊吞食。

105. 哺乳母羊如何饲养管理？

羔羊生长发育的好坏决定于母羊的产奶量，母羊产乳量越大，则羔羊生长发育越快越好。母羊在哺乳期间对蛋白质、矿物质的需要量比怀孕期还要大，因此，养好羔羊必须加强哺乳母羊的饲养。羔羊每增重100克需母乳500克，母羊泌乳500克需供给相当于300克的混合精饲料的营养物质，其中应有33克蛋白质、1.2克磷、1.8克钙，除补充这些营养物质外，还应给母羊多喂些青绿多汁饲料，给母羊增加运动和光照。

（1）哺乳前期母羊饲养管理。

① 哺乳前期，母乳是羔羊营养的主要来源，羔羊生长速度很快，为满足羔羊快速生长发育的需要，需提高母羊的泌乳量。每只母羊每日应供给1.5千克青干草、2千克青贮饲料和青绿多汁饲料、0.8千克精饲料、15~18千克骨粉、8~9克食盐。

② 对膘情差的哺乳母羊进行留饲或补饲，以期增加泌乳。母羊留饲结束后应尽量缩短放牧时间，进行补饲，避免羔羊饥饿期太长和乳房炎的发生。随着日龄的增长，在母畜出牧时羔羊也应适当补饲。

羔羊从出生到2月龄主要依靠母乳生活，所以对母羊的补饲与羔羊生长的好坏有很大关系。补饲主要在妊娠后期和哺乳期进行（时间约4个月），每只母羊一般每天补饲优质干草2千克，青贮饲料1.5千克，精饲料0.5千克。如果母羊膘情好，则可少喂或不喂精料，只喂优质干草。

（2）哺乳后期母羊饲养管理。哺乳后期，母羊泌乳能力渐趋下降，虽加强补饲，也很难达到哺乳前期的泌乳水平。因此，哺乳后期的母羊，除放牧外，可补饲干草，对仍不能满足营养需要或膘情较差的母羊，可酌情补饲精料。

母羊产后一周内应舍饲，不能放牧，一周后才可正常放牧。为使母羊奶水足，有利于羔羊吃饱、喝足、生长快，要适当给母羊添加些精饲料，可取玉米8份，豆饼2份，混合粉碎成粗粒，另每100千克精料加盐3千克、骨粉2千克拌匀即成。每只母羊每天补料0.5千克，并供给青绿饲料。

106. 母羊一胎多羔的羔羊如何寄养?

母羊一胎多产羔羊（或母羊产后意外死亡），可将一窝产羔数多的羔羊分一部分给产羔数少的母羊寄养。

（1）羔羊寄养时，为确保寄养成功，一般要求两只母羊的分娩日期比较接近，相差时间应在3~5天之内，两窝羔羊的个体体重大小不宜差距过大。

（2）母羊的嗅觉较为灵敏（特别是本地母羊），为避免母羊嗅辨出寄养羔羊的气味而拒绝哺乳，一般羔羊寄养提倡在夜间进行，寄养前将两窝羔羊同时喷洒上臭药水或酒精等气味相同的药物，或用受寄养母羊的奶汁、尿液等涂抹寄养羔羊，再将两窝羔羊用箩筐装着放在一起喂养30~60分钟，使受寄养母羊嗅辨不出真假，从而达到寄养的目的。

107. 母羊一胎多羔羔羊怎么分批哺乳?

哺乳羔羊过多，超过母羊的奶头数，可将羔羊分成两组，轮流哺乳。

（1）采用分批哺乳方法时，必须加强哺乳母羊的饲养管理，保证母羊中等偏上的营养水平，使母羊有充足的奶水供给羔羊哺乳。

（2）对于分组的羔羊应按大小、强弱合理分配，与此同时，做好哺乳羔羊的早期补草引料工作，尽可能地减轻母羊的哺乳负担，保证全窝羔羊的均衡发展。

108. 对羔羊如何进行人工哺乳？

（1）对于母羊一胎产羔数多以及母羊产羔后缺奶，应尽量在保证羔羊吃到初乳的前提下，进行短期补喂。短期补喂通常可用两成牛奶、一成白糖，加七成水冲淡，煮沸后冷却到37℃左右代替羊奶给羔羊补饲；也可用米汤加白糖或豆浆加白糖代替羊奶饲喂羔羊。对于出生日龄小、体质较弱的羔羊，短期内补喂人工奶可直接用奶瓶补喂。

（2）对无乳羔羊最好用死羔母羊认领或由泌乳充足的母羊代乳，一般情况下采用人工补饲。人工补饲可用小米面、黄豆面调成糊糊，也有的用奶粉，有条件时最好用鲜牛奶补饲。补饲极易引起消化不良性拉稀，也极易引起大肠杆菌的感染，应特别注重添加助消化及抗生素药物进行防治。

（3）如遇有较多的羔羊需要补喂人工奶，应进行人工训练羔羊自行吸吮人工奶。

109. 如何训练羔羊吸吮人工奶？

一般训练羔羊吸吮人工奶的方法是：把配制好的人工奶放在小奶盆内（盆高8～10厘米），用清洁手指代替奶头接触奶盆水面训练羔羊吸吮，一般经2～3天的训练，羔羊即会自行在奶盆内采食。以上给羔羊吸吮的人工奶配制方法比较简单，而且配方单调，营养不全面，仅适用于少数几只羔羊或母羊奶水不足的情况下短期采用。如遇人工补喂的羔羊数量多，且补喂时间长，为确保羔羊正常生长发育，应采用科学的人工奶配方。

（1）羔羊出生后20日龄前：可用小麦粉50%、炒黄豆粉17%、脱脂奶粉10%、酵母4%、白糖4.5%、钙粉1.5%、食盐

0.5%、微量元素添加剂0.5%、鱼肝油1～2滴，加清水5～8倍搅匀，煮沸后冷至37℃左右代替奶水饲喂羔羊。

（2）羔羊20日龄后：可用玉米粉35%、小麦粉25%、豆饼粉15%、鱼粉12%、麸皮7%、酵母3%、钙粉2%、食盐0.5%、微量元素添加剂0.5%，混合后加水搅拌饲喂羔羊（加水量应逐渐由多到少，以至过渡到用于饲料喂羔羊）。

（3）微量元素添加剂可参照的配方：硫酸铜0.8克、硫酸锌2克、碘化钾0.8克、硫酸锰0.4克、硫酸亚铁2克、氯化钴1.2克。

110. 种公羊如何饲养管理?

在养羊业中种公羊的品牌效应极为重要。“母好仅一窝，公好出一坡”，可见公羊对后代的影响。在饲养管理上要求比较精细，主要有非配种期和配种期种公羊的饲养管理。

种公羊一定要种性特征表现明显，雄壮有活力，各部位紧凑、结实、匀称。在饲养过程中不能过肥过瘦，经常保持健壮体魄，精力充沛，配种能力旺盛，保证公羊的利用率。因此，给种羊应有良好的营养水平，对种公羊供应充足的蛋白质，它的性机能旺盛，射精量多，精液品质好，精子密度大，受胎率高。

一般每天供给0.5～1千克混合精料，多喂些青干草、胡萝卜和含蛋白质丰富的饲料，配种季节增加1～2个鸡蛋、豆浆和骨粉。非配种季节除放牧外，也要适当补喂些干草和精饲料。在非配种期，除供应足够的热能外，应注意蛋白质、维生素和矿物质等充分供给，常年补给食盐和骨粉。要经常给种公羊有足够的运动量，蹄匣长了要及时修剪，要用毛刷经常刷拭体毛，增进皮肤代谢机能。

111. 配种期种公羊如何饲养管理?

配种期种公羊获得充分蛋白质时，性机能旺盛，精子密度大，母羊受胎率高，所以在配种前1～1.5个月，应将种公羊的日粮由非配种期逐步增加到配种期的饲养标准。

体重 80～90 千克的种公羊每天补给精料 0.8～1 千克，全年补给骨粉，平均每天 10 克，食盐 15 克。要经常观察种公羊的食欲，通过采食可以判断种公羊的健康状况，如发现食欲不振时，应立即研究其原因，及时解决。采食完后，如有剩料要扫出，留在下次喂或给其他羊吃。1 岁半以内的种公羊：一天内配种或采精不宜超过 1～2 次，不要连续采精或配种。2 岁以上的种公羊每天可利用 3～4 次，甚至 4～6 次。次数多的，每次间隔时间要在 2 小时左右，使其有休息时间。在采精或配种前不宜吃得过饱，精料每天至少分三次喂给，并补给适量的动物蛋白质。要适当运动，每天放牧结合运动，要求定时间、定距离、定速度。

112. 羔羊断尾常用的方法有哪些?

羔羊断尾既可以预防其甩尾沾污被毛，又可以提高皮下脂肪及肌间脂肪含量，改善羊肉品质。羔羊断尾时间一般在出生后 7 天左右为宜，选择晴天无风的早晨进行。常用断尾方法有以下几种。

（1）结扎法：用弹性较好的橡皮筋，套在羔羊第三四尾椎之间，紧紧勒住，断绝血液流通，过 10～15 天尾巴即自行脱落。

（2）快刀法：先用细绳捆紧尾根，断绝血液流通。然后用快刀离尾根 4～5 厘米处切断，伤口用纱布、棉花包扎，以免引起感染或冻伤。当天下午将尾根部的细绳解开，使血液流通，一般经 7～10 天伤口就会痊愈。

（3）热断法：可用断尾铲或断尾钳进行。用断尾铲断尾时，首先要准备两块 20 厘米见方的木板。一块木板的下方，挖一个半月形的缺口，木板的两面钉上铁皮，另一块仅两面钉上铁皮即可。操作时一人把羊固定好，两手分别握住羔羊的四肢，把羔羊的背贴在固定人的胸前，让羔羊蹲坐在木板上。操作者用带有半月形缺口的木板，在尾根第三四尾椎间，把尾巴紧紧地压住。用灼热的断尾铲紧贴木块稍用力下压，切的速度不宜过急。若有出血，可用热铲再烫一下即可，然后用碘酒消毒。

用断尾钳的方法与断尾铲基本相同，首先用带有小孔的木板挡住羔羊的肛门、阴部或睾丸，使羔羊腹部向上，尾巴伸过断尾板的小孔，用烧红的断尾钳夹住断尾处，轻轻压挤并截断。

第二章　肉羊的消毒、驱虫、免疫

113. 肉羊寄生虫病的综合防治措施有哪些?

羊对疾病的抵抗力较强，在患寄生虫病的过程中大多呈现慢性疾患过程，不像传染病那样一下子发生大量死亡，所以很容易被忽视。实际上羊寄生虫病造成的危害性是很大的。首先它是常发的流行性地方病，对人、羊的危害都比较大；其次羊患了寄生虫病，往往发育不良，养不肥，皮毛干燥，并因瘦弱而抵抗力下降，容易并发其他疾病造成死亡，给养羊业造成重大经济损失。

对羊寄生虫病的防治必须在正确诊断的基础上开展群防群治，坚持“预防为主”、“防重于治”和“防治结合”的方针，把治疗和预防紧密地结合起来。制定综合防治措施，应着眼于控制和消灭传染源、切断传播途径和保护易感动物三个基本环节，力争做到消灭病原体、排除感染机会和增强羊只机体的抵抗力。其中以利用一切手段消灭各个发育阶段的寄生虫（虫卵、幼虫或成虫）最为重要。

（1）控制和消灭传播来源及时治疗病羊，驱除和杀灭羊体内外的寄生虫。

（2）切断传播途径。

（3）保护易感动物——其他羊只。

114. 防制羊寄生虫病时，如何控制和消灭传播源?

控制和消灭传播源，及时治疗病羊，驱除和杀灭羊体内外的寄生虫。要根据寄生虫的生活史，定期有计划地进行预防性驱虫，防止病原体扩散。

定期驱虫应把握的时机和方法如下。

（1）羊体内寄生虫预防驱虫，坚持每年春天 3～4 月份和初冬 10～11 月份两次全群集中驱虫，保证羊只的增膘复壮和安全越冬。此外，在水草丰茂前的 6～7 月份加强用药一次，保证有效地控制寄生虫对羊只的危害。

（2）羊体外寄生虫预防驱虫，羊体外寄生虫主要防制疥螨、痒螨、蚤、蜱等对羊只健康的危害。健康羊只可在每年 3～4 月份和 10～11 月份进行两次药浴；对个别患病羊只，用高于全群药浴浓度的药液及时处理，使其不致传染全群。

（3）对转群前、分娩前后、配种前和断奶时的羊只也要进行预防驱虫。配种前驱虫，有利母羊怀胎和防制寄生虫引起流产；分娩前驱虫，注意用药剂量准确，一般按常用量的 2/3 给药，产前 15～20 天、产后 21～28 天各驱虫一次；断奶时驱虫一般在断奶前后 20 天各驱虫一次；种公畜在 4、6、8、10 月份各驱虫一次即可。

115. 羊寄生虫病防制时，怎样切断传播途径？

（1）要搞好羊舍（圈）场地和牧地的环境卫生，科学处理粪便。要对羊的粪便，尤其是患寄生虫病的羊只和羊群投驱虫药后 7 天内所排粪便进行收集，运送到指定的地点进行堆积发酵，利用粪便发酵产生的生物热，杀死寄生虫的虫卵、幼虫和虫囊。

具体方法是：把粪便堆成堆，外用 10 厘米泥土糊好，再用塑料膜封死，发酵灭害一个月后方可开封使用。

（2）注意饮水卫生。寄生虫常常污染水源，有些中间宿主还生存于水中，因此，不良的饮水往往是寄生虫病感染来源。作为羊的饮水，最好是自来水和井水，其次是流动的河水。注意不要使用不流动的池、塘、坑、沼泽地、稻田、小溪和水渠等处的水源作为羊的饮水。

（3）消灭传播者蜱和其他中间宿主，切断寄生虫传播途径。外界环境杀虫，采用喷洒杀虫药消灭蚊蝇等传播寄生虫病的媒介，消灭外界寄生虫和环境中的病原菌，防止感染羊群。

116. 羊寄生虫病防治时，如何保护易感动物？

（1）搞好羊只饲养管理，提高机体的抗病能力。首先要保证给羊只供给充足的日粮和营养成分，充分发挥机体防御抗病能力，保障机体有高度稳定的抵抗力。其次加强管理，保管好饲料，防止被污染；不要到低洼潮湿和有螺蛳的地方放牧或饮水，也不要到这些地方割青草喂羊。第三，羊舍应保持干燥、光线充足、通风良好；羊只的饲养密度要合理，防止过于拥挤；羊舍和运动场应勤打扫、勤换垫料，垃圾和粪便进行发酵处理。

（2）羊只感染了某种寄生虫病，则要及时采取特效药物进行驱虫和对症治疗，消灭体内外病原，做好隔离工作，防止感染周围健康羊。

（3）对健康羊进行化学药品预防，并防止病原扩散。

117. 羊寄生虫病防治的一般原则是什么？

羊的寄生虫可分为体内、体外寄生虫，驱虫时要掌握合理的防治原则。

（1）羊驱虫时要因虫选药。羊感染寄生虫的种类很多，有时还会发生合并感染。因此，在用药之前，应通过粪便检查和各种症状表现进行认真确诊，然后根据寄生虫的种类选择恰当的驱虫药物。常用的驱虫药物有：左旋咪唑、阿苯达唑、吡喹酮、伊维菌素、阿维菌素、杀虫脒（氯苯脒）、辛硫磷乳油、马拉硫磷等。

① 绦虫：用吡喹酮等药物。

② 线虫：用左旋咪唑、阿苯达唑、丙硫苯咪唑、伊维菌素、阿维菌素等药物。

③ 体外寄生虫：用伊维菌素、阿维菌素，同时用杀虫脒（氯苯脒）配成0.1%～0.2%水溶液淋浴或池浴、辛硫磷乳油配成0.025%～0.05%药浴、马拉硫磷配成0.05%水溶液药浴。

（2）驱虫时要小群试验。由于驱虫药物大多毒性较大，对大群羊进行驱虫时，要先选择几只羊进行药效试验，试验的主要目的：第一是看所选择的药物是否对症；第二是防止羊大批中毒。

验证确实安全、有效后再给大群使用。

（3）制定科学、合理的驱虫计划。

（4）使用合理驱虫药的剂型和掌握准确的剂量。

① 针剂：皮下注射（切勿肌内、静脉注射），1 毫克/5 千克体重。

② 粉剂（片剂）：灌服或拌料，1.5 毫克/5 千克体重。

118. 怎样制定合理的羊驱虫程序？

（1）羊驱虫要根据寄生虫普遍存在的特点，每年定期驱虫。每年对全群驱虫 2 次，一般在 3 ~ 5 月和 9 ~ 11 月进行驱虫，以防止出现“春季高潮”、“秋季高潮”，减少幼虫的“冬季高潮”。

（2）羔羊一般在当年 7 ~ 9 月进行首次驱虫，一般每年 2 ~ 3 次。保护羔羊的正常生长发育。另外，断奶前后的羔羊受到营养刺激，易受寄生虫侵害，应进行保护性驱虫。

（3）母羊在接近分娩时进行产前驱虫，避免产后 4 ~ 8 周发生粪便蠕虫卵“产后升高”。

（4）各种寄生虫驱虫计划如下。

① 绦虫：每年春、夏、秋三季各驱虫一次。

② 线虫：每年春、秋两次或每个季度驱虫一次。

③ 体外寄生虫：每年春、秋两季，用阿维菌素注射液皮下注射，每千克体重 0.2 毫克，或用阿维菌素预混剂 2 克添加于 1 000 千克饲料中，连用 7 天。

119. 羊驱虫时应注意哪些事项？

（1）丙硫苯咪唑对线虫的成虫、幼虫和吸虫、绦虫都有驱杀作用，但对疥螨等体外寄生虫无效。用于驱杀吸虫、绦虫时比驱杀线虫时用量应大一些。有报道，丙硫苯咪唑对胚胎有致畸作用。所以对妊娠母羊使用该药时要特别慎重，母羊最好在配种前先驱虫。

（2）有些驱虫药物，如果长期单一使用或用药不合理，寄生虫对药产生了耐药性，有时会造成驱虫效果不好。耐药性的预防可以通过减少用药次数，合理用药，交叉用药得到解决。当对某药物产生了耐药性，可以更换药物。

（3）目前，国内生产阿维菌素厂家较多，商品名多种多样，有阿维菌素、阿福丁、揭阳霉素、虫克星、虫螨净、灭虫丁、虫必净、虫螨光等，剂型有片、散、针剂等。要引起注意的是有些制品是用菌丝体甚至用药物残渣制成，有的注射液不是缓释制剂，药效不是28天，隔5～6天需要重新注射1次，由于缺少稳定剂，药物会降解，效果降低。

（4）成羊和产后母羊在5月中旬之前，可用新型伊维菌素和阿维菌素注射液皮下注射，或粉剂混匀在饲料中饲喂，驱除体内外寄生虫。为了达到理想的驱虫效果，第一次驱虫后，间隔7～10天后再给药一次。

（5）驱虫时要先驱线虫，间隔7天再驱绦虫。要严格掌握剂量，不能随意加量，以防止羊只中毒。

（6）初春生产的羔羊，在肝片吸虫病流行的地方，可用硝氯酚、吡喹酮等药，按药用说明进行驱虫。

（7）进行皮下或肌内注射驱虫时，要选择好合适的针头，并严格消毒，防止羊恶性水肿病的发生。

（8）在搞好药物驱虫的同时，放牧时尽量避开低洼潮湿的地点，不要在清晨、傍晚或雨水天气放牧。给予清洁的饮水，搞好环境卫生消毒和实施程序化免疫，保护羊只的健康生长。

120. 如何适时进行羊的药浴？

药浴是肉羊饲养管理上必不可少的一项工作，特别是对细毛羊、半细毛羊，不论纯种或杂种，剪毛后都必须进行一次药浴，目的是消灭体外寄生虫和预防疥癣病。药浴时究竟如何进行？要注意以下几点。

（1）药浴前要准备好药浴药品，中毒解救药品，做好人员的分工。

（2）药浴要选择晴朗、无风、暖和的天气，选择背风、向阳、平整的场地进行。

（3）药浴的时间最好是剪毛后 7～10 天进行。如过早，则羊毛太短，羊体上药液沾得少；若过迟，则羊毛太长，药液沾不到皮肤上，对消灭体外寄生虫和预防疥癣病不利。第一次药浴后隔 8～14 天再药浴一次。

（4）药浴前 8 小时停止喂料，入浴前 2 小时给羊饮足水，以免羊入浴池后吞饮药液。药浴完 6～8 小时后，方可饲喂或放牧。

（5）药液配制浓度要准确，药液浓度大易引起药物中毒，浓度小则影响杀虫效果。药液的量要充分，要及时添加弥补，保证羊身体各部位都得到浸泡（浸泡时间为 1 分钟）；不得在药液中混入肥皂水、苏打水或碱性物质，因其会增长毒性；药液的深度以淹没羊体为原则；浴池为一个狭长的走道，当羊走近出口时，要将羊头压入药液内 1～2 次，以防头部发生疥癣；使用喷雾药浴时要全身都要喷到，直到药液从身上流下。

（6）为防止药物中毒，先用少数羊试浴，认为安全后，再让大群羊入浴。先浴健康羊，后浴疥癣羊。

（7）药浴前对羊进行检查，病羊、身上有伤口的羊不能药浴。

（8）药浴时要先进行小群药浴实验，小群安全无问题时，再大批进行药浴；药浴时先让健康羊浴，有疥癣病的羊最后浴。

（9）羊在药浴池中停留 3～5 分钟为宜，浴中用压扶杆将羊头压入药液中 2～3 次，使周身都受到药液浸泡。

（10）成羊和羔羊要分别药浴，以免相互碰撞而发生意外。

（11）离开药池让羊在滴流台上停留 20 分钟，待身上药液滴流入池后，才将羊收容在凉棚或宽敞的圈舍内。

（12）浴后不能马上放牧，应将药浴后的羊群赶到通风阴凉的羊棚或圈舍内，避免阳光直射引起中毒；同时，也禁止在密集高温、不通风的场所停留，以免吸入药物中毒。如发现口吐白沫，精神沉郁或惊厥等中毒症状时，要立刻进行解救。首先用清水洗去羊身上的药液，此后用药物进行对症治疗。

（13）浴后应留意细心察看羊只的活动情况。羔羊因毛较长，药液在毛丛中存留时间长，药浴后 2～3 天仍可发生中毒现象，发现中毒要立即抢救。

（14）妊娠两个月以上的母羊不宜进行药浴。

（15）药浴时应留意人畜安全，药物对人的眼睛和皮肤有刺激性。所以，工作人员应带好口罩和橡皮手套，人体不要接触药液，以防人员中毒。药浴后的剩余药水不得倾倒或流入河、池内，因其对鱼的损害较强。

（16）抓羊时，要小心谨慎，留意避免羊四肢骨折和摔伤头部。

121. 常见的羊消化道线虫病有哪些?

羊的消化道内常见的线虫有蛔虫、捻转血矛线虫、羊仰口线虫、食道口线虫和毛首线虫等，它们可引起不同程度的胃肠炎和消化机能障碍，使病羊消瘦、贫血，严重者可死亡。

122. 如何防治羊消化道线虫病?

（1）加强饲养管理，注意饮水卫生。

（2）粪便要发酵处理。

（3）每年定期用敌百虫、抗蠕敏、左旋咪唑、阿维菌素、伊维菌素等药物驱虫两次。

123. 初冬如何抓好羊的驱虫?

秋末冬初是羊驱虫的最佳季节。因为秋天是草多粮丰的季节，羊通过此期的放牧和饲养，一般都会不同程度地增膘。如在此期间发现羊不增膘或继续瘦弱，则说明羊体内有寄生虫。为了保证羊安全越冬，入冬前要对羊进行一次全面彻底的驱虫。

（1）使用广谱驱虫药。可用对线虫、吸虫、绦虫多有杀灭作用的丙硫苯咪唑。

（2）驱除寄生于牛羊的消化道内的圆形线虫（主要有蛔虫、结节虫、钩虫、鞭虫等）。

① 1%的精致敌百虫溶液。羊按每千克体重0.06克计算，一次空腹灌服，每日1次，连服3日。

② 左旋咪唑，羊每千克体重7.5毫克，一次性口服或拌于饲料中。

③ 伊维菌素注射液皮下注射，或伊维菌素粉剂拌料，连用7天。

（3）驱除肝片吸虫。可选用硝氯酚，羊按每千克体重3毫克的剂量，一次灌服，每天一次，连服3天。

（4）驱除绦虫。可选用吡喹酮，羊每千克体重70～80毫克，一次灌服。

124. 羊场（舍）如何能达到理想的消毒效果？

羊场（舍）消毒要达到理想的消毒效果，彻底消灭病原微生物，必须要制定消毒制度，定期对羊舍（包括用具）、地面土壤、粪便、污水、皮毛等进行消毒。

125. 如何进行羊舍的彻底消毒？

在一般情况下，羊舍消毒每年可进行两次（春、秋各一次）。产房的消毒，在产羔前应进行一次，产羔高峰时进行多次，产羔结束后再进行一次。具体消毒方法如下。

第一步先进行机械清扫。

第二步用消毒液消毒。常用的消毒药有2%～5%火碱、10%～20%石灰乳、10%漂白粉溶液、0.5%～1.0%菌毒敌、0.5%～1.0%二氯异氰尿酸钠、0.5%过氧乙酸等。将消毒液盛于喷雾器内，先喷洒地面，然后喷墙壁，再喷天花板，最后开门窗通风，用清水刷洗饲槽、用具，将消毒药味除去。

126. 如何进行羊圈地面土壤消毒?

（1）土壤表面可用10%漂白粉溶液、4%福尔马林或10%氢氧化钠（火碱）溶液消毒。

（2）停放过芽孢杆菌所致传染病（如炭疽）病羊尸体的场所，应严格加以消毒。首先用上述漂白粉澄清液喷洒池面，然后将表层土壤掘起30厘米左右，撒上干漂白粉，并与土混合，将表面的土妥善运出掩埋。

127. 羊的粪便如何消毒?

羊的粪便消毒最实用的方法是用生石灰、漂白粉或2%～5%火碱等进行消毒，然后把粪便堆积发酵，即在距羊场100～200米的地方设一堆粪场，将羊粪堆积起来，上面覆盖10厘米厚的沙土，堆放发酵30天左右，即可用作肥料。

128. 羊场的污水怎么消毒?

污水消毒最常用的方法是将污水引入污水处理池，加入化学药品（如漂白粉或其他氯制剂）进行消毒，用量视污水量而定，一般1升污水用2～5克漂白粉。

129. 羊的皮毛怎样消毒?

目前，羊的皮毛消毒广泛利用环氧乙烷气体消毒法。消毒时必须在密闭的专用消毒室或密闭良好的容器内进行。在室温15℃时，每立方米密闭空间使用环氧乙烷0.4～0.8千克维持12～48小时，相对湿度在30%以上。该药品对人畜有毒性，且其蒸气遇明火会燃烧，以至爆炸，故必须注意安全，具备一定条件时才可使用。

130. 羊场的消毒方法有哪些?

目前，羊场的消毒方法主要有空舍消毒、环境消毒、带羊消毒。

（1）空舍消毒。

① 空羊舍消毒：羊舍先进行清扫，然后用5%火碱冲洗地面、墙面，密封羊舍24小时后，用清水冲洗干净。这种消毒每季度进行一次。也可交替性使用毒菌杀、百毒杀、过氧乙酸、石灰乳等消毒药。

② 对于产房，在产羔前及产羔结束后应进行一次彻底清扫消毒。在病羊舍、隔离舍的出入口处，应放置浸有消毒液的麻袋片或草垫，消毒液可用2%～5%火碱。

（2）环境消毒。

① 运动场消毒：3%的漂白粉、4%的福尔马林或10%的火碱水溶液。每周消毒一次。

② 羊舍及运动场外的过道消毒：用5%氢氧化钠溶液或0.5%过氧乙酸等进行消毒，每月2～4次。

③ 门卫消毒：在出入口消毒池经常放置5%的火碱。夏季，每3～5天更换一次消毒液；冬季，要同时放置2%食盐，以防表面结冰，每周更换一次消毒液。

④ 羊舍门口消毒：可设置5%的火碱或10%的克辽林消毒液的麻袋片或草垫。

⑤ 污粪污水的消毒：用漂白粉或生石灰进行消毒。

（3）带羊消毒。带羊消毒主要是消除羊体表的病原微生物，夏季还起到降温的作用。常用0.5%过氧乙酸、亚氯酸钠、百毒杀、聚维酮碘等消毒药，每3天消毒一次，每两周更换一种消毒药。

131. 羊免疫前应做好哪些准备工作？

（1）首先了解当地疾病流行情况，做到有计划免疫。如该地区或邻近地区发生某种传染病，应当先对该病种进行紧急预防免疫，把疫区、受威胁区尚未发病的健康羊进行紧急接种免疫，同时也要把周边地区常发疫病病种列入防疫计划中。

（2）备足疫苗、免疫器械及消毒药品。根据需要备足疫苗、注射器、针头、消毒药品等免疫物资，以免延误防疫进程。

（3）免疫前要对技术人员进行培训。每次开展防疫前要对技术人员进行技术培训，重点培训疫苗使用、保管、注射剂量、注意事项等有关内容。

（4）了解被免疫羊用药情况。免疫前 1～3 天禁用抗菌药及饮用消毒药。

（5）了解被免疫羊的健康状况。病、弱羊暂时不免，待健康后补免；未断乳羔羊不免，断乳后补免；怀孕后期母畜不免（临产前一个月）。但发生疫情时，上述三种情况必须全免。

132. 使用疫苗时应注意哪些问题？

（1）使用疫苗前，认真阅读疫苗使用说明书，掌握注射剂量、注射方法、保存等相关知识。严格检查疫苗质量，要逐瓶检查其性状、冻干苗的真空度、有无破损、标签是否清晰、疫苗有无变色、干缩，加稀释液摇晃后能否及时溶解等情况，凡真空、疫苗瓶破损、无标签、干缩、溶解不好、油苗油水分层变色、出现沉淀等的疫苗均不能使用，严禁使用过期疫苗。

（2）一般不要多种疫苗同时接种，也不能多种疫苗随便混用，以免产生疫苗间的相互干扰，失去免疫作用，也避免对动物机体产生不良反应。另外，不按要求、为方便省时、多苗同时注射的做法一方面产生抗体低，不能有效抵抗病原微生物，另一方面免疫期缩短。

133. 如何正确掌握疫苗的注射方法？

疫苗是预防控制疫病的重要生物制品。在进行疫苗注射时，为了有利于疫苗的吸收、减少疫苗应激、避免造成损伤，选择合适的注射方法和注射部位是非常重要的。

（1）注射部位必须要准确，注射时肌内、皮下、皮内注射要分清。

① 肌内注射的部位在羊耳后、肩胛前缘或颈侧部肌肉丰满处。

② 皮下注射部位在羊颈侧或后肢内侧皮下疏松处，用左手的拇指和食指将注射部位皮肤捏起，然后右手拿注射器斜刺入针（最理想方法是由上向下刺入，防止药物流出），将疫苗注入羊体内。

③ 皮内注射免疫一般用于羊痘病的免疫。皮内注射部位在羊尾内侧或后肢内侧，小角度刺入皮内，眼观有包，手感烫手，证明注射正确。注射时选择6～7号针头。

（2）注苗剂量要达到要求量，不能少、也不能超。若注射剂量达不到要求量，则羊机体产生抗体低，达不到保护效果；超量注射，部分疫苗反应较大，影响羊饮食等，造成不良后果。实际工作中部分防疫人员注射疫苗达不到要求量，致使防疫后仍然发病的现象时有发生。

（3）免疫注射时必须一只一个针头，防止免疫接种针头传播疫病。用于疫苗注射的注射器、针头在使用前后要严格消毒，一般蒸汽消毒15～30分钟；工作过程来不及消毒，可用酒精火焰消毒，消毒后可继续使用。切忌用保温瓶开水一烫即可，这样达不到灭菌消毒目的。

134. 羊注射疫苗后出现过敏反应的原因是什么？如何解救？

预防接种发生不良反应的原因是一个复杂的问题，是由多方面因素造成的。各种生物制品对机体来说都是异物，经接种后都有个反应过程，不过反应的性质和强度可以有所不同。

在预防接种中出现问题的不是所有的反应，而是指不应有的不良反应或剧烈反应。

正常反应是指由于制品本身的特性而引起的反应，其性质与反应强度随制品而异。如某些制品有一定毒性，接种后可以引起一定的局部或全身反应；有些制品是活菌苗或活疫苗，接种后实际是一次轻度感染，也会发生某种局部反应或全身反应，这种情况下不要忙于用药。

注射疫苗时，个别羊出现呼吸加快、口吐白沫、肌肉震颤、不食等不正常的临床症状，这是羊个体注射疫苗后产生过敏反应，应立即注射肾上腺素或地塞米松，这就要求防疫过程中要随身携带肾上腺素或地塞米松，以备急用。

135. 造成羊免疫失败的原因有哪些?

在对羊进行免疫接种疫苗后，有时仍不能控制传染病的流行，即发生了免疫失败，引起免疫失败的原因有很多，主要有以下几个方面。

（1）羊只本身免疫功能失常。羊只免疫接种后不能刺激机体产生特异性抗体，或产生抗体较低达不到保护效果，主要原因是个体差异、体弱、疾病、饲养管理不当或环境恶劣等，都会影响疫苗，使之不能产生保护抗体。

（2）母源抗体的干扰。母源抗体能干扰疫苗的抗原性，因此在使用疫苗前，应该充分考虑机体内的母源抗体水平，必要时要进行检测，避免这种干扰，这也是未断奶羔羊不注射的原因。若母源抗体高，注射疫苗后，疫苗就会中和母源抗体，羔羊将会产生不了足够的免疫抗体或产生较低抗体，达不到保护效果。

（3）免疫程序不合理。不能达到良好的保护效果。羊免疫时没有按规定的免疫程序进行免疫接种，使免疫接种后达不到所要求的免疫效果。如不同疫苗免疫间隔时间短，可造成相互影响；多种疫苗同时免疫达不到预期效果。

（4）免疫期间使用药物。羊在免疫期间正在使用抗生素或免疫抑制药物进行治疗，造成抗原受损或免疫抑制。药物干扰抗原使其机体内产生不了抗体，其中包括饲料中添加的抗生素类药物。

（5）疫苗在采购、运输、保存过程中方法不当。首先疫苗在采购、运输、保存过程中方法不当（如疫苗不是正规厂家生产，取苗不用保温箱，疫苗领回后没放入冰柜或冰箱保存等原因），使疫苗本身的免疫源性受损。其次在免疫接种过程中，疫苗没有保管好或操作不严格。如免疫接种过程中不用保温箱带苗，或稀释没用完的疫苗不放于保温箱内。再有疫苗和稀释的疫苗受高温和阳光的暴晒、油苗受冻后仍然继续使用等，均可影响免疫效果。

（6）制备疫苗使用的毒株血清型与实际流行疫病的血清型不一致，也会影响免疫效果。

136. 羊免疫失败后应采取哪些应对措施?

（1）加强饲养管理，提高羊只的抵抗力。

（2）消除母源抗体的干扰，免疫前要做好母源抗体的检测。

（3）正确使用疫苗及严格按免疫程序进行免疫。

（4）羊只在疾病、治疗期间或在免疫期间使用抗生素或其他药物都不能进行免疫。一般在免疫前1~3天和免疫后1~3天不能使用任何抗生素。应在停药后或羊只康复后进行补免。

（5）免疫前后3天不能带羊消毒。

第三章　肉羊的繁殖及繁殖疾病

137. 目前肉羊繁殖的方式有哪些?

目前羊的繁殖方式有两种：一种是自然交配，另一种是人工授精。

138. 肉羊的自然交配的方法有哪些?

自然交配是让公羊和母羊自行直接交配的方式。这种配种方式又称为本交。由于生产计划和选配的需要，自然交配又分为自由交配和人工辅助交配。

（1）自由交配。按一定公母比例，将公羊和母羊同群放牧饲养，一般公母比为1：（15～20），最多1：30。母羊发情时便与同群的公羊自由进行交配。其优点是可以节省大量的人力物力，也可以减少发情母羊的失配率。这种方法对居住分散的家庭小型牧场很适合。

（2）人工辅助交配。平时将公母羊分开放牧饲养，经鉴定把发情母羊从羊群中选出来和选定的公羊交配。这种方法克服了自由交配的一些缺点，如有利于选配工作的进行，可防止近亲交配和早配，也减少了公羊的体力消耗，有利于母羊群采食抓膘，能记录配种时间，做到有计划地安排分娩和产羔管理等。

139. 如何正确掌握母羊最佳的配种时期?

抓住母羊的最佳配种时机，要掌握好母羊的发情期，做到适时配种。母羊发情后表现为食欲减少、鸣叫不安、外阴部潮红肿胀、阴道流出分泌物、频频摇尾。母羊发情后30～40小时开始排卵，此时配种最易受胎，母羊的配种也较顺利，尤其是在发情末期，配种一次即可受孕。

在生产实践中，通常采用两次配种的方法，即第一次配种后，间隔12小时仍发情者再进行第二次配种，这样可提高母羊的受胎率。

140. 给母羊进行人工授精有哪些步骤？

（1）羊的发情鉴定。

（2）采集精液。

（3）精液品质检查。

（4）输精。

141. 羊人工输精前要做好哪些准备？

（1）人员的准备。输精人员应穿工作服，用肥皂水洗手擦干，用75%酒精消毒后，再用生理盐水冲洗。

（2）输精器械的准备。把洗涤好的开膣器、输精枪、镊子用纱布包好，一起用高压锅蒸汽消毒。

（3）母羊的准备。对发情母羊进行鉴定及健康检查后，才能输精，母羊输精前，应对外阴部进行清洗，以1∶3 000新洁尔灭溶液或75%酒精棉球进行擦拭消毒，待干燥后再用生理盐水棉球擦拭。

（4）精液的准备。将精液置于35℃的温水中升温5～10分钟后，轻轻摇匀，做显微镜检查，达不到输精要求的不能用于配种。

142. 人工授精时母羊的发情如何鉴定？

母羊发情鉴定一般以试情为主，结合外部观察和阴道检查方法来判断发情与否。

（1）绵羊属季节性发情，自发排卵短日照发情的家畜，在立秋后出现多个发情周期。绵羊的发情周期平均为17天，发情持续期平均为24～30小时，肉用品种的持续期更短。排卵多出现在发情征状刚结束时或发情出现以后20～33小时。

（2）发情母羊一般有频频走动和鸣叫，不安心采食，外阴黏膜常常充血潮红，稍微肿胀。

（3）发情母羊喜欢接近公羊，并有强烈摆尾动作，公羊爬跨时静立不动，有时也接受其他母羊爬跨，但一般不主动爬跨其他母羊。

143. 人工授精时母羊试情的方法是什么？

母羊试情的方法是利用试情公羊与母羊接触，以观察母羊的反应而判断母羊是否发情。

（1）将试情公羊（输精管截除，阴茎移位，拴系试情的公羊）按1：（40～50）的公母比例为宜，在每天清晨6～8时进行试情，也可每天试情2次。早晚各一次。

（2）正处于发情期的母羊见试情公羊入群后，会主动接近公羊，频频摆尾，驯服地接受公羊挑逗和爬跨。但试情时，要保持安静，不要大声喧叫，更不能惊动羊群，以免影响试情公羊的性欲。

（3）在试情过程中，要随时赶动母羊，不要让母羊拥挤，使试情公羊有机会追逐发情母羊。

（4）发情母羊是接受公羊爬跨并站立不动的母羊。抓出隔离，并打上记号以备配种。

144. 羊进行人工授精时如何采集精液？

（1）采精时，采精者蹲在台右后方，右手横握假阴道，气卡活塞向下，使假阴道前低后高，与母羊骨盆的水平线35°～40°角，紧靠台羊臀部。当公羊爬跨、伸出阴茎时，迅速用左手托住阴茎包皮，将阴茎导入假阴道内。当公羊猛力前冲，并弓腰后，即完成射精，全过程只有几秒钟。随着公羊从台羊身上滑下，顺势将假阴道向下向后移动取下，并立即倒转竖立，使集精瓶一端向下，然后打开气卡活塞放气，取下集精瓶，并盖上盖子送操作室检查。

（2）采精时，注意力必须高度集中，动作敏捷，做到稳、准、快。

（3）采精频率应根据配种季节、公羊生理状态等实际情况而定。

（4）在配种前的准备阶段，一般要陆续采精20次左右，以排除陈旧的精液，提高精液质量。在配种期间，成年种公羊每天可采精1~2次，连用3~5天，休息1天。必要时，第六天采精3~4次，两次采精后，让公羊休息2小时后，再进行第三次采精。一般不连续使用高频率采精，以免影响公羊采食、性欲及精液品质。

145. 人工授精时公羊精液品质如何检查？

精液品质评定是羊人工授精工作中的一项重要内容。要严肃认真，细致操作，随时注意外界条件对精子的影响。一般检查的项目有精子外观、精子的密度、精子的活力。

（1）采精后先观察颜色、数量、辨别气味。正常精液颜色为乳白色，无脓、无腐败气味，肉眼能看到云雾状。

（2）公羊的射精量平均为1毫升（0.5~1.8毫升），每毫升含精子数10亿~40亿，平均5亿左右。另外，精子的密度、活力都要借助相关仪器进行检查，否则对受胎率会造成很大影响，甚至造成空怀。

146. 羊人工授精输精的方法是什么？

母羊一个情期应输精2次，发现发情时输精1次，间隔8~10个小时应进行第2次输精。

输精方法：用生理盐水湿润后的开膣器插入阴道深部，触及子宫颈后稍向后拉，以使子宫颈处于正常位置之后轻轻转动开膣器90°，打开开膣器，开张度在不影响观察子宫的情况下开张的愈小愈好（2厘米），否则易引起母羊努责，不仅不易找到子宫颈，而且不利于深部输精。输精枪应慢慢插入到子宫颈内0.5~1.0厘米处，插入到位后应缩小开膣器开张度，并向外拉出1/3，然后将精液（每头份的输精量：原精液为0.05～0.10毫升，稀释后精液应为0.1～0.2毫升）缓缓注入。输精完毕后，让羊保持原姿势片刻，放开母羊，原地站立5～10分钟，再将羊赶走。

147. 羊人工输精时应注意哪些问题?

（1）输精前要做好充分准备。

（2）输精人员要严格遵守操作规程，输精员输精时应切记做到深部、慢插、轻注、稍停。对个别阴道狭窄的青年母羊，开膣器无法充分打开，很难找到子宫颈口，可采用阴道内输精，但输精量需增加1倍。

（3）输精后立即做好母羊配种记录。

（4）注意器具的消毒。每输完一只羊要对输精器、开膣器及时清洗消毒后才能重复使用，有条件的建议用一次性器具。

148. 影响羊繁殖力的因素有哪些?

（1）遗传：由于品种的不同，繁殖力有所差异。

（2）营养：营养水平对母羊繁殖力影响很大。

（3）温度：在炎热季节，有些种公羊繁殖力下降。

（4）年龄：母羊产羔率随年龄而增加，3～6岁时繁殖力最高。公羊在5～6岁时繁殖力最高。无论公羊、母羊7岁后繁殖力都会逐步下降。

149. 妊娠母羊怎么进行检查?

（1）用眼细心观察。

（2）用手触摸检查。

（3）应用B型超声波诊断。

150. 母羊配种后，早期如何判断是否妊娠?

（1）受孕母羊在配种后到下一个发情期不再表现发情反应。

（2）怀孕母羊多表现食欲增加，而且不挑食饲草。

（3）怀孕母羊性情变得温顺，一般不乱蹦乱跳。

151. 母羊配种两个月后，用哪些方法检查确定是否怀羔？

母羊配种两个月后，可用手进行触摸检查和 B 型超声波诊断，确定母羊是否怀羔。

（1）手触摸检查。可在早晨母羊空腹时，将两手放在母羊腹下乳房前方的两侧托起腹部，左手从羊的右腹向左下方微推，右手拇指和食指叉开微加压力就触摸到胎儿。母羊怀孕两个月后可触摸到较硬的“小块”，若只有一个“硬块”，即是怀一羔。如果两边各有一“硬块”，即为双羔。检查时手要轻，不可过重，以免造成流产。

（2）应用 B 型超声波诊断。

152. 羊流产的原因有哪些？

羊流产的原因可分为传染性和非传染性两大类。

（1）羊传染性流产的原因：引起羊传染性流产的病原体主要有羊布氏杆菌病、羊流产衣原体病（羊的地方性流产病）、羊弯曲杆菌病、沙门氏杆菌病及蓝舌病等。

（2）羊非传染性流产的原因：造成羊非传染性流产病因很多，主要有以下因素。

① 饲养管理不当。如长期营养不足导致母羊瘦弱；饲喂冰冻饲料或冰水；饲料发霉或含毒物等。

② 机械性损伤。如踢伤或因饲养密度过大而造成互相挤压冲撞，公母羊同圈乱交配。

③ 胎儿及胎膜异常。胎儿畸形及胎儿器官发育异常，胎膜水肿，胎水过多或过少，胎盘炎等可导致流产。

④ 急慢性子宫内膜炎。

⑤ 母羊患病。如肝、肾、肺、胃肠的疾病及神经性疾病等破坏了妊娠过程而引起流产。

153. 如何预防羊传染性流产?

（1）预防衣原体性流产。可用羊流产衣原体油乳型灭活苗，在母羊怀孕前或怀孕后 1 个月内皮下注射 3 毫升，免疫期为 7 个月。

（2）预防羊布氏杆菌病。要确认布氏杆菌引起的流产病，必须经细菌检验，发现阳性者均应及时隔离，以淘汰屠宰为宜，严禁与健康羊接触。对污染的用具和场地进行彻底消毒；对流产的胎儿、胎衣及其产道分泌物作深埋处理。对于菌检呈阴性者，可采用布氏杆菌猪型 2 号弱毒苗或布氏杆菌羊型 5 号弱毒苗进行免疫。

（3）经细菌检验确诊弯曲杆菌引起的流产病，可用呋喃西林全群预防性治疗，每只母羊 0.6～0.7 克，连服 3 天。

（4）预防沙门氏菌流产。要对病羊隔离治疗，流产胎儿、胎衣及污染物进行销毁，污染场地全面消毒处理。病初用抗血清较为有效。如何用药物治疗，应首选硫酸新霉素（5～10 毫克/千克体重，内服，1 日 2 次）、长效土霉素和氟苯尼考等。一次治疗不应超过 5 天，每次最好选用一种抗菌药物，如无效立即改用其他药物。在抗菌消炎的同时，还应进行对症治疗。

154. 如何预防羊非传染性流产?

（1）治疗急、慢性子宫内膜炎。可用 0.1% 的高锰酸钾溶液反复清洗子宫，使子宫内的黏液全部排出。对病情严重的，除清洗子宫外，还应用抗菌消炎药治疗，并改善饲养条件，精心护理，使其尽快恢复母羊的生产性能。

（2）加强饲养管理，冬春季抓好补饲，秋季抓好膘肥。饲料中足量添加胡萝卜和草粉配合饲料，适当添加精饲料和含硒微量元素添加剂，以增强孕羊体质，提高抗病能力。

（3）禁止饲喂霉败变质饲草和饮用冰茬水，实行公母分群饲养及怀孕后期母羊单独喂养，保证栏舍清洁卫生和通风良好。

（4）及时消除栏舍粪便和杂草，并经常消毒。场地、草场及用具等定期消毒，发生疾病时及时做好隔离和消毒工作，对流产的羊只立即隔离处理。

155. 母羊先兆性流产如何治疗?

(1) 一般对有流产先兆的母羊，可尽快用复方黄体酮注射液，每只羊每次用 15 ~25 毫克，肌内注射，每天注射 1 次，连续注射 2 天。

(2) 如果胎儿死亡未排出，且子宫已开张时，可注射脑垂体后叶素 1 ~2 毫升。

156. 引起羊难产的原因有哪些?

(1) 初产母羊多因子宫颈或骨盆腔狭窄、阴道狭小而胎儿过大，往往引起难产。

(2) 老龄母羊难产多因腹部过度下垂、身体虚弱、子宫收缩无力所致。

(3) 因子宫阵缩无力、胎儿胎位不正原因造成的。

157. 母羊难产有哪些表现?

(1) 母羊分娩时，若羊膜破水已有 20 分钟羔羊还没产出，母羊又无力努责。

(2) 分娩时，产程超过 4 小时尚未见娩出第一个胎儿（一般山羊的胎儿产出时间为 30 分钟到 4 个小时，双胎间隔 5 ~ 15 分钟）。

(3) 胎水流失过多。

(4) 胎位不正。

(5) 若是母羊骨盆狭窄，胎儿过大或畸形。

158. 母羊难产时应采取哪些措施?

母羊如果出现难产表现后都需进行助产。助产时，首先将母羊保定好，然后用消毒药将助产人员手臂、母羊的外阴周围以及助产的钩子、绳子等彻底消毒。再将手伸入产道进行检查，确诊到底属于哪类型的难产，确定使用哪种助产方法。常用的助产方法有药物催产、牵引拉出、截胎和剖腹产。

（1）首先注射催产素0.2～2毫升或脑垂体后叶素1～3毫升。

（2）分娩时，产程超过4小时尚未见娩出第一个胎儿，则应迅速进行人工助产。

（3）胎水流失过多，可注入润滑剂（食用油等）。助产员可用手抓住羔羊的前肢或后肢，随着母羊的努责，顺势向母羊的后下方轻拉羔羊就可产出。

（4）若胎位不正时，应先将胎位矫正到顺产位置。

（5）若是由于母羊骨盆狭窄，胎儿过大或畸形时可采取剖腹产。

159. 分娩母羊胎儿胎位不正时，怎样将胎位矫正到顺产位置？

（1）助产员在手术前应将手指和手臂上涂外用润滑剂（石蜡油或食用油），手伸入产道时动作要轻，同时要随着母羊的努责而行动，以免弄破子宫。

（2）把胎位拨正后，随后将细的绳子套在术者手指上，手和绳一并进入产道，然后用绳子套在羔羊的两只前蹄或后蹄的系部，顺着母羊努责慢慢拉绳子，把蹄子顺着产道拉出，接着把整个羔羊拉出。

160. 如何减少难产的发生率？

（1）防止母羊过早交配。从生理角度说，母羊一般在5～6月龄达到性成熟，并具有繁殖能力。出现初次发情，此时母羊身体尚未发育成熟，如此时配种则会遏制其生长发育，自然其妊娠也会受到严重的影响，这种影响的后果就是增加难产率的发生。所以对于羊来说，母羊首次配种时间应选择在羊已达体成熟时，这样不仅不会影响母羊的健康，而且可得到健壮的幼羊。

（2）坚持正确的体型选配原则。当母羊尚未成熟时，配体大型公羊，难产发生率更高。故应坚持正确的体型选配原则，即“大配大、大配中、中配小”，绝不可以大配小。以大配小的结果往往导致胎儿过大而增加难产率的发生，对于过早配种的后果更为严重。

（3）做好妊娠期饲养管理。妊娠期饲养管理不善也是造成难产的一个重要因素之一。因此要加强母羊孕期管理，保证营养平衡。首先母羊孕期饲料方面要加大精料的投入，避免妊娠期羊的营养失调。妊娠期母羊过度肥胖或营养不良都可导致产力不足而诱发难产。再有运动对妊娠母羊是不可缺的，相当一些难产母羊是与妊娠期缺乏运动有关。妊娠羊运动不足可能诱发胎儿胎位不正，还可导致产力不足，这两点都是难产的直接诱因。对于母羊来说，合理运动一要适量，二要适度，一般每天2小时为宜。

（4）孕羊要与公羊分开饲养，减少碰撞引起的意外流产。

161. 引起母羊不孕的原因有哪些？

（1）公羊不育或繁殖力低下造成母羊不孕。

（2）发情鉴定存在问题。

（3）公羊体格过大或过小导致母羊不孕。

（4）营养不良导致母羊不孕。

（5）强行配种导致母羊不孕。

（6）膘情过肥。

（7）母羊生殖器官被病原微生物感染。

（8）母羊生殖器官先天性缺陷引起不孕。

（9）内分泌失调引起母羊不孕。

（10）饲料、饮水被污染引起母羊不孕。

（11）其他因素引起的母羊不孕，如人工输精时的精液品质不良、手术或羊与羊之间的角斗造成母羊子宫黏连、生殖道内的病原微生物感染、慢性消耗性疾病和饲养管理差等。

162. 试情公羊造成母羊不孕的原因有哪些？

在人工辅助配种或人工授精的情况下，所用的试情公羊性欲低下、性欲过高、试情时间过短、被试母羊与试情公羊之比过大等情况，会引起公羊没有及时发现发情母羊，或没有将发情母羊全部都试出来，或被试母羊没有到发情状态而硬去配种，都会使配种母羊不孕。

163. 种公羊体格状况如何造成母羊不孕的？

种公羊体格过大或过小导致母羊不孕。过大体格的公羊与过小的母羊本交，或过小体格的公羊与过大的母羊本交，在交配过程中会因种公羊的阴茎触及不到母羊的生殖器官而使配种失败。在公母羊混群饲养自由交配的情况下，这种现象更不容易被饲养者发现，而羊群中又没有其他适合配种的公羊，往往会使一部分母羊发情了也没有怀孕。

164. 温度、湿度导致母羊不孕的原因有哪些？

（1）母羊处在高温高湿的环境中，或在比较寒冷的条件下会发生应激反应，母羊体内激素的分泌也受到扰乱，所分泌的激素水平不能维持正常妊娠。据报道，在高温或高寒的条件下 3 ~ 5 天，就会使卵子失去存活能力。

（2）不良的气候条件可使种公羊性欲明显下降，精液品质明显降低，种公羊已无法提供合格的精液使精卵正常结合。

165. 光照导致母羊不孕的原因有哪些？

羊为短日照季节性发情的哺乳动物，在光照时间缩短的季节，母羊大批发情并排卵，激素水平也得以正常维持，在光照变长的季节，母羊的发情排卵受到抑制，种公羊也存在类似的规律。

（1）春季，母羊体内存在黄体，卵巢处于休止状态，此时的激素水平与繁殖季节存在较大的差异，促卵泡素（FSH）、维生素

E 的分泌水平较低；公羊的精液品质低于秋季的水平，活力约是秋季的60%，存活时间是秋季的50%以下，而畸形精子的比例几乎是秋季的2～3倍。尽管在舍饲条件下，母羊的营养供应比较科学合理，但是羊的内分泌调控规律是千万年来形成的，不可能在短时期内人为地更改。

（2）羊反季节配种在使一部分羊受孕的同时，总会有一大部分羊无法发情受孕，即使受孕的母羊在秋季也无法理想地与其他羊一样按时发情和排卵。

166. 母羊的生殖器官不良导致不孕的原因有哪些?

（1）母羊生殖器官被病原微生物感染。公羊在采精过程中或本交过程中，由于公羊精液中混有病原微生物或人工输精时消毒不规范等，造成母羊子宫、阴道内细菌、病毒等病原微生物大量繁殖，引起感染，造成生殖器官发生炎症，或母羊本身患有布氏杆菌病、链球菌病等造成母羊不孕。

（2）母羊生殖器官先天性缺陷引起不孕。由于近亲繁殖和其他遗传方面的原因，生殖器官发育异常，如阴道闭锁、缺乏子宫颈、双子宫颈、子宫发育不全、输卵管不通、子宫颈口开张不良、闭锁等，使精液无法顺利通过母羊生殖道到达受精部位，精卵无法结合造成不孕。

（3）人工输精时的精液品质不良致使多次输精不孕，而又引起母羊生殖道出血，使精液与血液相遇，母羊体内会产生抗精子抗体，将输入的活精子当做异物杀死。

（4）由于手术或羊与羊之间的角斗，使母羊内脏发生黏连，子宫无法扩张，胚胎不能正常发育，生殖道内的病原微生物将精子、卵子吞噬或溶解都会造成母羊的不孕。

167. 内分泌失调引起母羊不孕的原因有哪些?

（1）在加快羊生长速度的同时，由于母羊长期大量饲喂或采食含有激素的人工饲料或牧草，如含有雌性激素和生长激素的配合饲料，或母羊采食了三叶草等含雌激素的植物，导致母羊内分泌紊乱，引起不育或暂时无法孕妊。

（2）在人工注射促性腺类生殖激素药品，如血促性素（PMSG）、人绒毛膜促性腺激素（HCG）等生物药品，又没有及时进行抗促性腺类药品注射，致使母羊发情排卵，但没有合理的激素水平维持，或母羊排出的卵子运行速度发生改变，使精子、卵子无法正常在受精部位相遇，都可能引起母羊不孕。

168. 饲养管理不善导致母羊不孕的原因有哪些？

（1）营养不良导致母羊不孕。母羊在放牧或舍饲条件下所采食的营养物质不足，饲养管理不当，维生素缺乏，造成母羊体质瘦弱，不能正常足量分泌出排卵必需的生殖激素水平，从而出现不发情或不排卵的情况。

（2）母羊膘情过肥。母羊肥胖，致使卵巢机能减退，输卵管堵塞，导致母羊长期不发情、不孕，或发情无法排卵，屡配不孕。

（3）饲料、饮水被污染引起母羊不孕。有机氯类农药、有机磷农药、氨基甲酸酯、除莠剂、杀真菌剂、杀螨剂及熏剂、镉和铅污染、氟、溴、砷、汞中毒等都会使公母羊的生殖细胞发育异常，或精子、卵子细胞的活力降低，甚至会杀死精子、卵子细胞，从而引起母羊不孕。

（4）母羊长期在潮湿、寒冷圈舍内，缺乏运动，外界气温突然改变，光照不足，突然改变母羊生活环境条件等，均能影响母羊机体新陈代谢和生殖机能混乱造成母羊不孕。

（5）母羊摄入的饲料中缺乏维生素、矿物质、微量元素等和年老体弱等多种原因也是造成母羊不孕的常见原因。

（6）体内、外寄生虫等慢性消耗性疾病引起的母羊不孕。

169. 如何预防母羊的不孕？

（1）生产中要采取改善饲养管理技术，加强放牧运动，饲料要多样化，补喂富含蛋白质、维生素和矿物质的饲料，满足营养供应。

（2）要注意防止母羊过肥，对过肥母羊要减少精料喂量，增加青绿多汁饲料喂量，增加运动时间，多晒太阳给予充足的光照，搞好环境卫生消毒。

（3）加强选种选育工作，及早治疗或淘汰繁殖器官和繁殖机能有障碍的母羊，并对羊群定期驱除体内外寄生虫。

170. 种用公羊性欲低下是什么原因引起的?

（1）先天性障碍：如睾丸发育不全，两侧睾丸很不对称。

（2）饲养管理不当和配种技术不过关。

（3）一些疾病因素。

（4）环境温度的影响。当炎热夏季或高温高湿的环境下，外界温度升高往往会超过睾丸自身调节温度的范围，致使睾丸温度上升，造成种公羊精液品质急剧下降，只有当环境温度恢复常温后，睾丸才能逐渐恢复正常的生精机能。

（5）其他因素。种公羊长期在潮湿、寒冷的圈舍内，缺乏运动、光照不足、驱虫时用药不当（如用敌百虫）、饲喂霉变饲料等均能影响种公羊机体新陈代谢和生殖机能紊乱，造成其繁殖障碍，性欲低下，产死精或无精等。

171. 哪些饲养管理因素造成种用公羊性欲低下?

（1）饲养管理不当。如长期饲料不足、单一，造成营养不平衡；营养不良，体质瘦弱，影响睾丸的生长发育，延迟性成熟并影响其生精机能；饲喂过度；种公羊过肥，影响其运动、性欲和交配能力；另外过肥，阴囊脂肪层过厚会破坏睾丸的生精机能，使畸形精子增加，精液品质下降。

（2）配种技术不过关。如采精员操作不规范或缺乏经验，采精过程中消毒不严，引起种公羊的尿道炎、睾丸炎；受到某种原因的惊吓；突然改变种公羊的饲养场所；采精场所不安静；公母羊分圈或不分群，让其自由交配过多等，都会因条件反射扰乱而使种公羊性冷淡、性欲低下，会产生少精、无精现象。

（3）用药不当。一些高热性病症，如流感、中暑、肺炎等，如用药不当易引起性功能紊乱而导致死精无精现象。

172. 哪些疾病容易引起种用公羊性欲低下？

（1）生殖器官炎症。由细菌和病毒感染引起生殖器官发生炎症，如羊布氏杆菌、乙型脑炎等都会造成睾丸炎症，致使精子生成受到严重破坏，必然发生死精、无精、精子畸形率高的现象。如由尿道炎继发的精囊腺炎，其炎性分泌物在射精时混入精液内，使精液的颜色呈现混浊黄色，精子全部死亡。

（2）慢性消耗性疾病。如体内外寄生虫等致使种公羊体质发育不良，性不成熟而丧失其繁殖能力。

（3）营养代谢性疾病。多种营养因素缺乏或过剩，如蛋白质、碳水化合物、维生素及矿物质等长期供应不足或过多会导致种公羊性欲低下、死精、无精。

173. 哪些营养代谢性疾病会引起种用公羊性欲低下？

（1）一般蛋白质供应不足，能引起睾丸发育受阻和睾丸生精机能发生紊乱，使精液量少质差。

（2）碳水化合物供应不足引起蛋白质代谢障碍，使机体内酸碱平衡失调，主要表现为性反射紊乱、睾丸萎缩、精子细胞不成熟。

（3）维生素 A 缺乏时，睾丸黏膜发生角质化。

（4）维生素 B 缺乏时，性腺变性，导致睾丸小而硬。

（5）维生素 E 缺乏时，可引起睾丸萎缩而不育。

（6）矿物质缺乏，如缺锌、锰都能使睾丸生殖上皮退化，造成精液品质不良。

（7）缺磷会引起睾丸性能不全，从而使繁殖力减退。

174. 公羊不育或繁殖力低下的表现是什么？

（1）公羊没有性欲或性欲低下，对发情母羊“不感性趣”，从而导致无法进行本交配种。

（2）公羊精液品质不良可造成配种母羊繁殖性能受到影响。

（3）个别公羊由于是近亲繁殖的产物，性别处于雌雄两种之间，即间性、双隐睾等可造成母羊配种屡配不孕，在本交情况下，这种不孕往往不容易被人们发现。

175. 如何提高种公羊的性功能？

（1）加强选种选育工作。及早淘汰繁殖机能有障碍的种公羊，做好种公羊后裔的鉴定工作，保证优秀种质的提高。

（2）改善饲养管理技术。

① 加强放牧和运动。

② 配制全价日粮时饲料多样化，满足种公羊的营养需要，并适量添加维生素和矿物质元素，在圈舍中可悬挂富硒营养砖，让其自由舔食。对过肥的种公羊减少精料喂量，增加青绿多汁饲料，增加运动时间，给予充足的光照，多晒太阳。坚决杜绝用霉变的饲料饲喂种公羊，同时供给清洁充足的饮水。

（3）改善饲养条件，减少种公羊的应激。冬天注意防寒保暖，夏季注意防暑降温。夏季人为冲凉种公羊睾丸，可以降低高温对繁殖能力的影响。

（4）提高配种人员的技术水平。配种人员严格遵守操作规程，定人、定时采精。自由放牧，按科学的公母比例进行混放，减少配种过程中的污染，搞好环境消毒。

（5）科学免疫和防治。防疫时按程序进行，例如羊四联、羊痘、口蹄疫、布氏杆菌、细小病毒、乙脑等疫苗。每年春、秋两季对波尔种公羊进行体内外驱虫，禁止使用敌百虫。对睾丸炎、附睾炎、尿道炎、发热性疾病等制定科学的治疗方案，对症、对因治疗，促其恢复健康，保证精液品质良好。

176. 母羊卵巢囊肿有几种类型?

母羊卵巢囊肿常有卵泡囊肿与黄体囊肿两种类型。

(1) 卵泡囊肿的羊，往往发情不正常，发情周期变短，有时甚至出现持续而强烈的发情现象。

(2) 黄体囊肿的羊，则长期不发情。

177. 母羊卵巢囊肿如何治疗?

第一、母羊卵泡囊肿的治疗

(1) 黄体酮注射液 2 毫升，肌内注射，每日 1 次，连用 5 ~ 7 天，至发情症状消失为止。

(2) 促黄体生成素 (LH) 40 ~ 50 毫克，肌内注射。若效果不佳，1 周后再注射一次。

(3) 人绒毛膜促性腺激素 (HCG) 5 000单位，肌内注射。

(4) 用 0.5% 地塞米松磷酸钠注射液 30 毫升，静脉注射，隔日 1 次，连用 3 次。

(5) 穿刺法。通过直肠用手将囊肿的卵巢固定，然后用长针头通过阴道穹隆穿过阴道壁或直接通过腹壁刺入肿大的卵泡内，用注射器抽出囊液，再注入 HCG 2 000 ~ 4 000单位，或 LH100 ~ 200 单位。

(6) 挤破囊肿法。将手伸入直肠，隔着直肠壁用中指和食指夹住卵巢系膜，并固定住卵巢，然后用拇指压迫囊肿破裂，继续按压 5 分钟以上，避免大出血。

第二、母羊黄体囊肿的治疗

(1) 促卵泡素 (FSH) 100 ~ 150 单位，肌内注射，隔 1 ~ 2 天注射 1 次，连用 2 ~ 3 次。

(2) 用 15-甲基前列腺素 F2a 注射液 2 ~ 4 毫克，肌内注射或子宫内灌注。

(3) 氯前列烯醇注射液 4 毫克，肌内注射或子宫内灌注。

第四章　肉羊的疾病防治

第一节　肉羊病的种类和综合防制措施

178. 肉羊疾病分为哪几类?

羊在生长发育过程中，可以发生各种各样的疾病，在性质上可以分为传染病、寄生虫病和普通病三大类。

传染病是由于各种致病性病原微生物侵入羊体内生长、繁殖并产生毒素而导致的。

寄生虫病是各种体内外寄生虫侵害羊体，通过虫体对羊的器官、组织的机械性损害，夺取羊体营养并产生有害毒素而导致的。

普通病包括内科疾病、中毒病、外科疾病和产科疾病，多因饲养管理不当，营养代谢失调，误食毒物、机械性损伤、异物的刺激以及外界环境变化而引起的。

179. 肉羊常见普通病有哪些?

（1）中毒病。

（2）食道梗塞。

（3）前胃弛缓。

（4）瘤胃臌气。

（5）瘤胃积食。

（6）感冒。

（7）外伤。

（8）流产。

（9）难产。

（10）羔羊假死。

（11）乳房炎。

（12）坏死杆菌病。

（13）羊快疫。

（14）羊猝疽和羊肠毒血症。

（15）肝片吸虫病。

（16）消化道线虫病。

（17）羊螨病。

180. 巧妙鉴别病羊的方法有哪些?

羊对疾病的抵抗能力比较强，病初症状表现不明显，不易及时发现，一旦发病，往往病情已经比较严重。因此，养羊要及时发现羊病，及时预防和治疗是非常重要的。临床上用直接观察羊的精神状态和所呈现的各种异常变化的诊断方法。健康羊一般争相采食，奔走速度均匀，反应敏捷；病羊常表现落群、停食、呆立或卧地。具体可参照以下方法进行鉴别观察。

（1）辨被毛与营养。

肥瘦：健康羊膘满肉肥，体格强壮。病羊的身体瘦弱，可能是由于病原的长期作用，造成的慢性消耗性疾病。

被毛：健康羊的被毛平整且不易脱落，富有光泽、发亮；而在患病状态下，被毛粗乱蓬松，失去光泽，被毛粗硬、蓬乱易折、暗淡无光泽，容易脱落病羊则体弱。

皮肤：健康羊的皮肤富有弹性。观察羊只皮肤的颜色及有无被毛脱落、皮肤变厚变硬、水肿、发炎、外伤等。

（2）辨精神。健康羊眼睛明亮有神，望得远看得清，听觉灵敏，很会听放牧召唤。采草时争先恐后，抢着吃头排草。病羊则精神萎靡，不愿抬头，听力、视力减弱，或流鼻涕、淌眼泪，行走缓慢，病重者离群掉队。

（3）辨食欲。羊吃草或饮水量突然增多或减少，以及喜欢舔泥土、吃草根，也是有病的表现，可能是慢性营养不良，如维生素或微量元素缺乏等。如果反刍减少、无力或停止，则表示羊的前胃有病。有时羊不进食可能是由口腔疾病引起的，如喉炎、咽炎、口腔溃疡、舌有损伤等。

（4）辨姿势。观察羊只的举动是否与平时一样，如果不同，就可能是有病的表现。健康羊姿态炯炯有神，行动活泼平稳。当羊患病时常表现行动不稳或不愿行走，有些疾病还呈现特殊姿势，如破伤风，表现为四肢僵直，患有脑包虫或羊鼻蝇的羊转圈、跛行。

（5）辨鼻镜。健康羊的鼻镜湿润、光滑，常有微细的水珠。若鼻镜干燥、不光滑，表面粗糙，是羊患病的征兆。

（6）辨反刍。一般羊在采食 30～50 分钟后，经过休息便可进行第一次反刍。反刍是健康羊的重要标志。反刍的每个食团要咀嚼 50～60 次，每次反刍要持续 30～60 分钟，24 小时内要反刍 4～8 次。在反刍后要将胃内气体从口腔排出体外，即嗳气。健康羊嗳气每小时 10～12 次。病羊反刍与嗳气次数减少，无力，甚至停止。病羊经治疗，开始恢复反刍和嗳气是恢复健康的重要标志。

（7）辨皮肤颜色。羊的皮肤在毛底层或腋下等部位通常呈现粉红色，若颜色苍白或潮红都是病症。

（8）辨可视黏膜。健康羊可视膜、眼结膜、鼻腔、口腔、阴道、肛门等黏膜呈粉红色，湿润光滑。黏膜变为苍白，则为贫血征兆；黏膜潮红，多为体温升高，热性病所致；黏膜发黄，说明血液内胆红素增加、肝病胆管阻塞或溶血性贫血等。如羊患焦虫病、肝片吸虫等，可视黏膜均呈现不同程度的黄染现象。当黏膜的颜色为紫红色（又称发绀），说明血液中的还原血红蛋白增加，严重缺氧的征兆，常见于呼吸困难性疾病，中毒性疾病和某些疾病的垂危期。

（9）辨体温。体温是羊健康与否的晴雨表。山羊的正常体温是 37.5～39℃，绵羊是 38.5～39.5℃，羔羊比成年羊要高 1℃。如发现羊精神失常，可用手触摸角的基部或皮肤，肛门测量超过其正常体温0.5℃以上的是发病征兆。

（10）辨眼结膜。健康羊眼结膜呈鲜艳的淡红色。若眼结膜苍白，可能是患贫血、营养不良或感染了寄生虫。若眼结膜潮红，可能是发炎和患某些急性传染病的症候。若眼结膜发绀呈暗紫色，多为病情严重。

（11）辨呼吸。肺脏检查可将耳朵贴在羊胸部肺区，可清晰地听到肺脏的呼吸音，能听到间隔匀称，带“嘶嘶”或“呋呋”声的肺呼吸音。健康绵羊呼吸频率每分钟12～30次，健康山羊呼吸频率每分钟10～20次，病羊呼吸系统有问题则出现“呼噜、呼噜”节奏不齐的拉风箱似的肺泡音，或“捻发音”。若呼吸次数增加多见于热性病、呼吸系统疾病、心脏衰弱、贫血、腹内压升高等；呼吸次数减少，主要见于某些中毒、代谢障碍、昏迷等疾病。

（12）辨心跳。通过切脉或听诊器可以检查羊的脉搏心跳和心音，听诊部位在左胸侧壁前数第三至六肋骨之间。切脉是用手伸进后股内侧，按摸股动脉。健康成年羊的脉搏，每分钟为60～80次，羔羊的脉搏为100～130次，心音清晰，心跳均匀，搏动有力，间隔相等。病羊心音强弱不匀，搏动无力。

（13）辨瘤胃。站在羊后侧，用左手按左肷部（俗称肷窝），能感到瘤胃有一起一伏的蠕动感。健康山羊每分钟为2～4次，绵羊为3～6次。可感到瘤胃松软而有弹性，用耳听肷部可听到瘤胃有“咕噜噜“或“沙沙沙”的拨水音响。病羊则瘤胃蠕动减慢，很长时间才能听到一次缓慢而无力的蠕动声。若遇到瘤胃臌胀，则瘤胃无声，以手指扣打肷部则发出似击鼓的闷声。若瘤胃无声而坚硬，是瘤胃实质性胃扩张的症状。

（14）辨粪便。健康羊的粪呈圆形粒状，成堆或呈现链条状排出；粪球表面光滑、较硬。病羊如患寄生虫病多出现软便，颜色异常，呈褐色或浅褐色，异臭，有时混有寄生虫节片；病重者带有黏液排出，因粪便黏稠，多糊在肛门及尾根两侧，长期不掉。如果羊粪有特殊臭味，则见于各种肠炎；若粪便内有大量黏液，则表示肠道有卡他性炎症；若粪内有完整的谷粒或纤维很粗，则表示消化不良；若混有寄生虫，则表示体内有寄生虫。

181. 羊病治疗时，给药的方法有哪些？

根据药物的种类、性质、使用目的以及动物的饲养方式，选择适宜的用药方法。临床上一般采用给药方法主要有口服给药、胃管法给药、注射给药、灌肠法。

（1）口服给药：羊患病后有时需经口腔投药治疗，口服给药简便，适合大多数药物，可发挥药物在胃肠道的作用，如肠道抗菌药、驱虫药、制酵药、泻药等。如果病羊能少量饮水，可把一些无色无味的药品放入水中混饮。否则，采用灌服、混到饲料中喂服、舐服等方法。无论用哪一方法投药，都需细心、耐心、认真，避免将药物呛入气管内。但还要注意一般苦味健胃药、收敛止泻药、胃肠解痉药、肠道抗感染药、利胆药应在饲喂前服用；驱虫药、盐类泻药应在空腹或半空腹时服用；刺激性强的药物应在饲喂后服用。

（2）注射给药：优点是吸收快而完全，药效出现快。不宜口服的药物大都可以注射给药。常用的注射方法有皮下注射、肌内注射、静脉注射（或静脉滴注），此外还有气管注射、腹腔注射，以及瘤胃、直肠、子宫、阴道、乳管注入等。

注射的关键问题一是消毒，二是操作准确。消毒是指注射器、针头和注射部位的消毒；操作主要是指注射部位的选择、排除注射器内的空气、准确熟练地掌握操作要领。

① 皮下注射：皮下注射选择皮肤疏松的部位，如颈部两侧、后肢股内侧等。用一只手提起注射部位的皮肤，另一只手持已吸好药液的注射器，以倾斜40°的角度刺入皮肤下方，回抽针芯不回血即可将药物注入，经毛细血管吸收，一般10～15分钟即可出现药效。注射前后，注射部位要用酒精或碘酊棉球消毒。一般刺激性药物及油类药物不宜皮注。

② 肌内注射：要选择富含血管肌肉且肌肉丰满的部位，如两侧臀部或肩前颈部两侧。将注射部位剪毛、消毒，然后将药液吸入

注射器，排完空气，将针头（12～16 号）垂直刺入肌肉 3 厘米左右，抽动针管不见回血即可缓慢注入药物。注射完毕后，取出针时用酒精棉球按压止血。肌内注射吸收速度比皮下快，一般经 5～10 分钟即可出现药效。油剂、混悬剂也可肌内注射，刺激性较大的药物，可注于肌肉深部，药量大的应分点注射。

③ 静脉注射：部位在颈静脉沟上 1/3 处。少量药物用注射器，大量药物可用吊瓶注射。一手拇指按压在注射点下方约一掌处的颈静脉沟上，待颈静脉隆起后，另一手握住长针头，向上与颈静脉呈 30°～45°角刺入颈静脉，见血液从针头流出后，将针头挑起与皮肤成 10°～15°角，继续把针伸入静脉内，接上注射器或吊瓶，即可注射药液。注射完毕，用酒精棉球按压针孔防止出血。静脉注射作用最快，适用于急救、注射大量或刺激性强的药物。

（3）灌肠法给药：灌肠法（直肠给药法）是将药物配成液体，直接灌入直肠内，羊可用小橡皮管灌肠。先将直肠内的粪便清除，将药物溶于温水中，然后在橡皮前端涂上凡士林，插入直肠内，把橡皮管的盛药部分提高到超过羊的背部。灌肠完毕后，拔出橡皮管，用手压住肛门或拍打尾根部，以防药物排出。灌肠药液的温度应与体温一致。

182. 羊病治疗应如何合理使用药物？

（1）正确诊断，对症下药。正确诊断是合理用药的先决条件，每一种药物都有其适用症，针对患病动物的具体病情，选用安全、可靠、方便、价廉的药物，反对盲目滥用药物。

（2）制定适宜的给药方案。根据病情、用药目的、药物本身的性质、药动学知识制定科学的给药方案。如病情危急，采用静脉注射或静脉滴注的给药途径。如果是为了控制胃肠道的大肠杆菌感染，可选用一些在胃肠道不易吸收的抗菌药物，如氨基糖苷类药物等，了解这些药物的最低抑菌浓度，以确定给药剂量，依据药动学知识确定给药次数和间隔。

（3）预期药物的疗效和不良反应。几乎所有的药物在有治疗作用的同时也存在不良反应，在预见药物治疗作用的同时，应积极预防不良反应的发生。

（4）合理的联合用药。在确诊疾病后，尽可能地避免联合用药。如果要联合用药，请确保药物在合用后，对疾病有协同治疗作用。联合用药时要注意药物的配伍禁忌。慎重使用固定剂量的联合用药。如复方药物制剂，因为它约束了兽医依据病情调整剂量的机会。

（5）因地、因病情选用药物。羊病治疗用药时要根据不同的年龄、性别、体况、病情等因地、因病情选用药物。临床上可能出现同样的发病症状，但可能发病原因不同，因此所选用的药物也不同。

（6）严格遵守各种药物的休药期。

183. 怀孕母羊临床用药应注意哪些事项?

（1）孕羊发生疾病用药治疗时，首先考虑药物对胚胎和胎儿有无直接或间接的危害作用；其次是药物对母羊有无副作用与毒害作用。

（2）怀孕早期用药要慎重。当发生疾病必须用药时，可选用不会引起胚胎早期死亡和致畸作用的常用药物。

（3）孕羊用药剂量不宜过大，时间不宜过长，以免药物蓄积作用而危害胚胎和胎儿。

（4）孕羊应慎用全身麻醉药、驱虫剂和利尿剂。

（5）禁用有直接或间接影响生殖机能的药物，如前列腺素、肾上腺皮质激素、促肾上腺皮质激素和雌激素。

（6）严禁使用子宫收缩的药物，如催产素及垂体后叶制剂、麦角制剂、氨甲酰胆碱和毛果芸香碱。

（7）使用中药时应禁用活血祛瘀、行气破滞、辛热、滑利的中药，如桃红、红花、乌头等。对云南白药、地塞米松等也应慎重使用。

184. 如何避免羊病治疗的误区?

(1) 不要“见热就退”。

发热是羊体抵抗疾病的“生理保护反应”，是病体自我调节的短时反应。一定程度的发热，可以提高细胞吞噬致病微生物的能力，有利于机体的保护。过早或过量的使用解热药，不仅影响病羊防御反应的发挥，又会掩盖病症造成误诊，还能使排汗过多，血压下降，甚至虚脱，危及生命。但当体温过高或发烧时间过长，应及时用解热药退烧。

(2) 不要“见病就抗菌”。

在治疗疾病时，“见病就用抗菌剂”，滥用抗菌药常会引发“双重感染”，并会提高病菌的耐药性。

(3) 不要“见泻就止”。

“腹泻”是羊体排除腹内“毒素及病菌”的一种保护反应，对羊体无害反而有利。但是如果腹泻时间过长或过多时，应急速口服“补液盐”，并应用抗菌药物。

(4) 不要“病好就收”。

病除后不用药巩固，常引起旧病复发，并可能转为慢性，应该病愈后再坚持 1 ~ 2 天的治疗，以巩固疗效。

185. 如何避免用药物治疗羊病的误区?

(1) 抗生素。

① 内服抗生素：抗生素可杀死羊瘤胃内的有益微生物，尤其是土霉素严重影响成年羊瘤胃内微生物的繁殖。所以内服土霉素等抗生素治疗痢疾等炎症性疾病时，应采用肌内注射。

② 用抗生素治疗消化不良性腹泻：消化不良性腹泻是羊常见的腹泻病，尤其是羔羊非常多见，这是因消化功能紊乱引起的，并非细菌感染所致。对于这种腹泻应该用健胃助消化的药物来治疗。对久病的羊，为防止继发感染，可适当配合少量抗生素。

③ 用青霉素治疗胃肠道感染：青霉素对胃肠道感染无医治作

用。对胃肠道感染应该用环丙沙星、恩诺沙星、庆大霉素等广谱抗生素。

（2）抗病毒药：在临床上治疗时，不是所有的抗病毒药都能抗病毒。一般用病毒灵治疗病毒病，但用病毒灵治疗羊痘病时，病毒灵抵抗不了羊痘等病毒。据报道，羊痘等病毒性疫病用板蓝根、鱼腥草、地塞米松注射液治疗，有很好的疗效。

（3）利尿剂：人们都习惯用利尿药治疗尿闭或少尿。其实羊的尿闭大多是非肾源性尿闭，多数是因膀胱、尿道炎症或结石所致。对此应该用泌尿道消炎剂或排石治淋的中草药或手术治疗。

186. 农户养羊和羊病预防应注意哪些问题？

（1）根据本地区的养羊经验，按时给羊注射“三联四防”疫苗、口蹄疫疫苗等。联合体可统一购进质量好的疫苗、统一注射防疫，统一购买驱虫药、统一使用，这样既降低消耗，又保证羊健康成长。

（2）更新饲养的观念与技术。

（3）注重饲养管理及营养保健。每季度驱虫 1 次，用阿维菌素连续驱虫 2 次，中间间隔 7 ~ 10 天，用法、用量按照使用说明。

187. 发现病羊后如何进行防治？

羊病防治应做到“以防为主”，因此，日常管理中应做好预防工作。

（1）加强日常饲养管理。

在日常管理中要保证营养平衡，防止营养物质的缺乏，对于妊娠后期母羊和羔羊更应该注意，要严格按照饲养管理标准进行。防止采食霉变饲草、毒草和喷过农药的饲草，不能饮用死水和污水，以减少寄生虫和病原微生物的侵袭，羊舍要保持清洁、干燥、通风。要经常保持运动。

（2）搞好羊舍消毒。

在春秋两季对羊舍、用具和运动场要进行彻底消毒，可用生石灰、火碱、3%来苏儿等。消毒前要把消毒对象清洗干净，再喷洒消毒水。如果发生传染病，对病羊污染的场地器具要进行彻底消毒。羊粪便、羊舍杂物要集中堆积，发酵处理，杀死粪中的病原微生物和寄生虫卵。

（3）严格执行检疫制度。

要严格遵守检疫制度，积极配合兽医检疫部门定期做好羊的检疫工作，尤其从外地引进的羊只，要经兽医部门严格检疫，购回羊只后要隔离饲养一个月，经仔细观察无病后才能合群饲养。

（4）定期进行预防接种。

根据本地区历年发生传染病情况和目前疫病流行情况，制定切实可行的免疫程序，按计划进行预防接种，使羊只免患传染病。

（5）定期驱虫。

每年根据当地寄生虫的流行情况，一般在春秋选用广谱驱虫药驱虫1次，根据实际情况可以增加驱虫次数，驱虫后10天的粪便应马上收集进行发酵处理，杀死虫卵和幼虫。体内寄生虫每年春秋两季用左旋咪唑、丙硫咪唑、吡喹酮、伊维菌素和阿维菌素驱虫，体外寄生虫用1%～2%的敌百虫溶液涂擦或用0.05%的辛硫磷溶液进行药浴。

188. 羊患病后在治疗时皮肤、黏膜和创伤如何消毒？

（1）皮肤、黏膜消毒：常用70%～75%酒精、2%～5%碘酊、0.01%～0.05%新洁尔灭进行皮肤消毒。

（2）创伤消毒：龙胆紫、过氧化氢、高锰酸钾等可用于创伤的消毒。

① 龙胆紫常与甲紫、结晶紫一起配成1%～3%的水溶液使用，用于烫伤、烧伤、湿疹等消毒。

② 用3%过氧化氢（双氧水）冲洗污染创伤或化脓创伤。

③ 0.1%～0.5%高锰酸钾用于冲洗创伤。

（3）注射部位剪毛后用2%～5%碘酊棉球涂擦，然后用70%～75%酒精棉球脱碘。

第二节　肉羊常见疫病的防治

189. 肉羊口蹄疫、肉羊传染性脓疱病和肉羊痘如何区别?

羊发生口蹄疫、传染性脓疱病和羊痘在临床上容易混淆，不易区别，为了更好地区别这三种病，主要从临床表现和病理变化上进行区别。

（1）潜伏期不同。

羊口蹄疫潜伏期为1~7天，平均2~4天。

羊痘潜伏期为6~8天。

（2）发病年龄不同。

羊口蹄疫任何日龄均发，但羔羊患病后多发生出血性胃肠炎。也可能发生恶性口蹄疫，由于急性心脏麻痹而死亡；其发病率和死亡率较高。

羊痘包括绵羊痘和山羊痘，侵害山羊的为山羊痘，侵害绵羊的为绵羊痘，山羊、绵羊互不传染。特别是羔羊发生后，全身发痘严重，波及内脏反应明显，继发重度肺炎。死亡率较高，几乎100%。

羊传染性脓疱病，绵羊主要是羔羊易感，而山羊则无明显的年龄限制。

（3）发病部位和临床表现不同。

羊口蹄疫发病部位主要在口腔和蹄部，有时候乳房黏膜也发生水疱。

羊痘发病部位在鼻腔和眼结膜有卡他性脓性炎症；颜面、乳房、外阴、四肢内侧等全身无毛或少毛部位的皮肤发生暗红色斑疹，并迅速发展为丘疹，疹块逐渐增大呈圆形、椭圆形和不规则形的凸出。全身有毛区的皮肤上出现许多球状隆起结节，星罗棋布。病期约为3周。

羊传染性脓疱病主要在口唇周围、口角及鼻部特别严重。亦可发生在蹄部和乳房等皮肤部位。病灶开始出现斑点，随后变成丘疹、水疱及脓疱三个阶段，并形成痂块，痂块呈红棕色，以后变为黑褐色，较坚硬。除去硬痂后露出凸凹不平锯齿状的肉芽组织，很容易出血，有的形成瘘管，压之有脓汁排出。病变发生在硬腭和齿龈时，容易溃烂成片，痂块一般 24 小时后脱落，有的时间较长，长出新的皮肤，一般不留任何瘢痕。

(4) 母羊妊娠反应情况不同

羊口蹄疫怀孕母羊常流产。

羊痘孕羊几乎全部流产或产死胎。

(5) 病理剖检变化不同

羊口蹄疫剖检可见口腔病变在绵羊、山羊有所不同，山羊口腔病变比绵羊多见。小羊有出血性胃肠炎。患恶性口蹄疫时，咽喉、气管、支气管和前胃黏膜有烂斑和溃疡形成，心脏舒张脆软，心肌切面有灰红色或黄色斑纹，或者有不规则的斑点，即所谓“虎斑心”。

羊痘具有典型病理过程，在无毛或少毛的皮肤和黏膜上有特征性痘疹。

羊传染性脓疱病剖检可见在口唇周围、口角及鼻部形成痂块，痂块呈红棕色，以后变为黑褐色，较坚硬。除去硬痂后露出凸凹不平锯齿状的肉芽组织，形如桑葚。

190. 羊表现唇部、鼻部出现剧痒，不断摩擦发痒部位是怎么回事？如何预防？

临床上出现这种症状，羊有可能患了羊伪狂犬病、羊痒病。

(1) 羊伪狂犬病是由伪狂犬病病毒引起的家畜和野生动物的一种急性传染病，以“伤口奇痒”为特征。病羊发病初期有短期的体温升高，随后很快降至常温或更低。后期四肢无力直到麻痹，出现咽喉麻痹时大量流涎，最后死亡。病程一般为 1 ~3 天。

① 病羊往往在病毒的入侵部位开始发痒，如鼻黏膜受感染，

则顽固地摩擦鼻镜或面部某部分；如眼结膜受感染，病羊用蹄子拼命搔痒，有的甚至因剧烈摩擦致眼球破裂塌陷；也有呈犬坐姿势用力在地面上摩擦肛门，或在地上滑擦以止阴户奇痒；还有在肩胛部或胸腹部乳房周围发生“奇痒”者。

② 在奇痒部位可见皮肤脱毛、水肿，甚至出血。

③ 有的还出现某些神经症状，如磨齿、强烈喷气、出汗、后足用力踏地，并表现间歇性烦躁不安等。

④ 剖检可见脑和脑膜有严重充血和出血，消化道黏膜也发现充血和出血，有时肝脏充血肿胀。

（2）羊痒病又称“慢性传染性脑炎”、“驴跑病”、“瘙痒病”、“震颤病”、“摩擦病”或“摇摆病”，是由痒病朊病毒引起的成年绵羊和山羊的一种慢性发展的中枢神经系统变性疾病。可以根据临床症状和组织病理检查进行诊断。主要表现搔痒，进行性的运动失调和不安，衰弱和麻痹，但体温并不升高。

（3）预防羊伪狂犬病主要采取以下措施。

① 防鼠灭鼠。控制和消灭鼠传染源，并禁止猪进入羊舍。

② 一旦发生本病，扑杀病羊，并立即消毒羊舍及周边环境，粪便发酵处理。

③ 目前尚未发现特效治疗药物，有条件的可接种羊伪狂犬病疫苗。

（4）要有效地控制羊痒病，必须采取以下各种措施。

① 对发病羊群进行屠杀、隔离、封锁、消毒等措施，并进行疫情监测。

② 从病群引进羊只的羊群，在42个月以内应严格进行检疫，受染羊只及其后代坚决屠杀或进行焚烧等无害化处理。

③ 从可疑地区或可疑羊群引进羊只的羊群，应该每隔6个月检查一次，连续施行42个月。

④ 定期进行清毒。常用5%～10%氢氧化钠溶液作用1小时，或0.5%～1%次氯酸钠溶液作用2小时。

191. 羊溃疡性皮肤病是怎么回事？

羊溃疡性皮肤病又称为“唇及小腿溃疡”、“绵羊花柳病”或“龟头包皮炎”，为绵羊的一种传染病。其特征是表皮发生限界性溃疡，侵害部位包括唇、小腿、足和外生殖器官。溃疡性皮肤炎发生于各种年龄的绵羊。在自然感染情况下，单独接触不能传播本病。病毒主要经过破伤而进入皮肤。包皮、阴茎及阴户的发病乃是通过交配传染的。

192. 羊溃疡性皮肤病临床表现如何？如何防治？

（1）发病在唇部：病灶表现为溃疡，其大小与深浅不一，初期阶段即形成痂皮，将溃疡面遮盖起来。除去痂皮时，可见一无皮而出血的浅伤口，一般只有数毫米深。在痂皮与溃疡底部之间存在有乳酪样而无臭的脓汁。

（2）发病在小腿：最初症状为跛行，这是由于局部病灶所引起。皮肤溃疡同唇部。

（3）发病在面部：病灶最常限于上唇缘与鼻孔之间的区域，以及眼内角下方，但也可能发生于颊部。除了最严重的病例可使唇部穿孔以外，均不涉及颊黏膜。

（4）发病在足部：病灶可发生在蹄冠与腕部（或跗部）之间的任何部分。

（5）发病在包皮：病灶开始于包皮孔，溃疡可部分或全部地围绕包皮孔。由于患病部分伴发水肿，故可造成包茎或嵌顿包茎。病灶可以蔓延到阴茎头。当溃疡面扩大时，可使公羊丧失交配能力。

（6）发病在母羊阴户：病灶并不像在公羊那么大，但性质完全相同。通常先由下联合处开始发病，以后扩及整个阴唇，致使阴户水肿。但并不涉及到阴道。

目前尚无疫苗和特效疗法。在发现本病的地区，配种季节开始以前，必须对公羊严格检查，发现有任何包皮炎的症状时，应立即进行淘汰。

193. 羊梭菌性疾病是怎么回事?

羊梭菌病不是单一的感染病，包括许多梭菌引起的多种疫病。羊常见羊快疫、羊肠毒血症、羊猝疽、羊黑疫、羔羊痢疾等疾病。这些疾病大多发病急、病程短、死亡率高，本病一般经消化道感染，呈地方性流行，多发于春末秋末青草萌发和干枯时期，有时也发于夏秋气候骤变、阴雨连绵季节。在低洼地、潮湿地、沼泽地放牧的羊只易患此病。

这类疾病在临床上、解剖上和诊断上有许多相似之处，容易混淆。一旦发生来不及预防，会造成很大损失，多造成膘情良好的羊只急性死亡。但易感年龄大小有所不同。

194. 羊梭菌性疾病临床表现如何?

（1）羔羊痢疾主要感染 7 日龄以内的羔羊，拉稀症状明显。

（2）羊肠毒血症（又叫“类快疫”或“软肾病”）是由 D 型或 C 型产气荚膜杆菌引起的，主要感染稍大的羊。羊肠毒血症发病快，精神沉郁，食欲废绝，腹泻，肌肉痉挛，倒地，四肢痉挛，角弓反张，体温不高，常突然死亡；解剖时可见肾脏肿大、柔软如泥。

（3）羊快疫是由厌气性腐败梭菌引起的最急性传染病，主要危害 1 ~2 岁绵羊，山羊有时也可发病。其特征是不出现症状而突然死亡。受害羊真胃出血性炎症变化显著。

（4）羊黑疫主要感染 2 岁以上羊，死后皮下静脉充血发黑、肝坏死灶特殊。

（5）羊猝疽是由 C 型产气荚膜杆菌引起的，以急性死亡为特征，伴有腹膜炎和溃疡性肠炎，1 ~2 岁绵羊多发。

195. 如何治疗羊梭菌性疾病?

由于致病梭菌在自然界广泛存在，羊感染的机会多，而且这类疾病发病死亡快，生前病羊、健羊难以区分，使诊断难度加大。加之病程短，往往来不及治疗。即使诊断出来，已是病程的中、晚期，一般治疗效果不好。因此，必须加强平时的防疫措施，采取对症治疗。

（1）对病程较长的病例可给予对症治疗，使用强心剂、肠道消毒药、抗生素等药物。

（2）对发病羊只及时用抗生素、磺胺类及呋喃类药物进行治疗。

（3）对腹泻严重的羊，可灌服鞣酸蛋白、活性炭、次硝酸铋等，也可配上小苏打粉。

196. 怎样预防羊梭菌性疾病？

（1）发生该病时，对病羊及时隔离、治疗，健康羊注射疫苗。同时，对病死羊只的尸体及排泄物进行焚烧或深埋，对病死羊严禁剥皮利用。

（2）在放牧的羊群中发现梭菌病羊时，需立即向高燥的牧地转场放牧，不再到低洼潮湿的低地放牧，常会使病情终止。

（3）放牧羊群，在一早出牧前，最好先补喂些干草，并饮足加盐的清洁饮水，然后再放牧。也可在放牧前，普遍喂服1%石灰水，每头100毫升，可减少发病。

（4）在放牧时，应避免食用露水草、雨水草、霜露草和霜雪草，最好雨天不放牧，改为舍饲。严禁饮死水、污水、地沟水，改饮井水或流动的河水。

（5）加强放牧管理，防止羊吃入过量的高蛋白质饲料，如苜蓿草和抢青、抢放秋茬或一次性喂得过多的精料等。有病羊出现时，应停止抢放茬地，喂服些健胃轻泻药或抗菌药物。出现病死羊时，要立即深埋，防止污染传播疫病。

（6）对被污染的圈舍和场地、用具，用2%～5%的烧碱溶液或20%的漂白粉溶液消毒。

（7）对病羊的同群羊用“三联四防”疫苗预防，不论羊只年龄大小一律肌内或皮下注射1毫升，免疫期为1年，无不良反应。此外，还可以注射单苗或羊五联苗。并口服2%的硫酸铜，每只羊100毫升。

197. 羊李氏杆菌病的表现如何？

绵羊易于感染这一疾病，山羊对病菌的敏感性次之。疾病通常是以散发形式出现，而不是大批流行。但病程通常较急，一旦发生，死亡率很高。羊通过污染有病原菌的饲料和水经由消化道感染本病比较多见，也有经呼吸道和破损的黏膜、皮肤感染。李氏杆菌病的潜伏期2~3周。

（1）年龄较小的羊，疾病一般为败血型。病羊体温升到40~41.5℃，稍后即见下降。患羊呆立，不愿行走。流泪、流鼻液和流口水，采食缓慢，不听驱使，最后倒地不起并死亡。剖检见内脏出血，肝脾和淋巴结肿大出血并见有灰黄色坏死病症。

（2）年龄较大的羊，疾病以出现明显的神经症状为主要特征。表现为头颈向对侧弯斜，视觉模糊以至消失。出现角弓反张和圆圈运动症状，最后麻痹倒地不起和死亡。一些病母羊伴有流产。

（3）剖检时发现脑膜和脑充血与出血、水肿，脑内有细小的化脓病灶，肝内有时也发现有坏死病灶。部分有流产的尸体可见坏死性子宫炎与胎盘子叶出血与坏死。年龄更大的羊感染本病时，神经症状多不明显。

198. 羊李氏杆菌病怎样治疗？

早期大剂量应用磺胺类药物或与抗生素并用，疗效较好。常用的抗生素有硫酸链霉素、长效土霉素、硫酸庆大霉素、丁胺卡那霉素、金霉素、盐酸四环素、红霉素等，初期大剂量应用，同时加维生素C、维生素B_6有一定疗效，但出现神经症状或急剧病羊，疗效不好。

（1）病羊出现神经症状时，可使用镇静药物治疗，以每千克体重1~3毫克，肌内注射。一般青霉素疗效不佳。

（2）用硫酸链霉素治疗较好。链霉素600万~800万单位，用30毫升注射用水稀释，一次肌内注射，每天2次，连用5天。

（3）四环素250万~500万单位，用2 000毫升5%葡萄糖生理盐水稀释，一次静脉注射，每天1次。

（4）20%磺胺嘧啶钠5~10毫升、氨苄青霉素1万~1.5万单位/千克体重、庆大霉素1 000~5 000单位/千克体重，均肌内注射，2次/天，有一定疗效。

199. 羊李氏杆菌病如何预防？

（1）及时隔离病羊，并隔离治疗，其他羊使用药物预防，可在每千克饲料中加入0.5~1克土霉素，连用5~7天。对发病羊群应立即检疫，病羊尸体要深埋处理。

（2）加强饲养管理。在饲养中一定要注意粗精饲料的配比，严禁大量饲喂精料。另外，注意矿物质、维生素的补充，一定要注意钙的补充，防止缺钙。

（3）坚持自繁自养。若要引进羊只，必须要调查其来源，引进后先隔离观察一周以上，确认无病后方可混群饲养，从而减少病原体的侵入。

（4）注意环境卫生，清洁羊舍与用具，保证饲料和饮水的清洁卫生。对污染的环境和用具等使用2%~5%火碱、0.5%过氧乙酸、氯制剂、醛制剂、聚维酮碘等消毒药进行消毒。

（5）做好灭鼠和驱虫工作。因为老鼠为疫源，所以在羊舍内要消灭鼠类。夏秋季节注意消灭羊舍内蜱、蚤、蝇等昆虫，减少传播媒介。

（6）李氏杆菌病对人也有危险。感染时可发生脑膜炎。与病羊接触频繁的人应注意做好个人防护工作。

200. 引起出生羔羊肠臌气的原因有哪些？

肠臌气是初生羔羊的一种多发性、死亡率很高的疾病。本病在夏季多见，由于各种原因导致胃肠蠕动机能减弱，乳汁不能充分消化吸收，停滞在胃肠内的食物分解发酵或肠球菌大量繁殖，产生过多气体而形成的。造成羔羊腹部膨胀、呼吸频繁、全身出汗、震颤、腹痛等一系列症状，严重时引起高度呼吸困难、窒息而死亡，死亡率高达75%。引起该病的病因有很多，主要有以下几个因素。

（1）吃奶过多。

（2）饲喂方法不当。

（3）气候突然变化。

（4）母羊患乳房炎时，羔羊吃了腐败变质的母乳，也能发生“胀肚”，造成一系列病变过程。

201. 出生羔羊肠臌气如何治疗?

病羔羊表现行走摇摆，站立时痴呆，时起时卧。腹部明显增大，腹壁紧张，叩诊腹部呈鼓音，尤以右侧为甚，不排粪，也不放屁。结膜潮红或发绀，呼吸频繁，呈胸式呼吸。病情严重时常全身出汗，前肢肌肉颤抖，甚至全身震颤。治疗采用以下方法。

（1）排气制酵。当出生羔羊腹围显著增大、臌气，呼吸高度困难危及生命时，要尽快采取穿肠放气。排气制酵的方法。

① 先确定放气部位。盲肠放气常在右侧腹肷窝中间，结肠放气常在左侧腹肷窝。

② 术部剪毛消毒，然后选用14号针头消毒后，刺入腹部膨胀最明显处。放气时一定要缓慢。

③ 待腹围缩小后，为防止继续发酵或细菌繁殖，可由穿刺孔注入鱼石脂酒精溶液（鱼石脂5克、95%酒精10～20毫升、加温水100毫升），再肌注青链霉素各20万～40万单位。

（2）清肠通便。

为了清除胃肠内容物和秘结粪便，可用导尿管代替胃管灌服液体石蜡油或蓖麻油20～30毫升。为排除停滞积粪，加强肠蠕动，可施行灌肠。羔羊灌肠时仍可用导尿管代替，在300～500毫升温水内加入少量肥皂或食盐灌入。

（3）镇痛解痉。

当羔羊疼痛不安时，可立即肌内注射安痛定 1 ~ 2 毫升。

（4）促进机能恢复。

对病羔羊要加强护理，尽可能防止打滚，臌气停止后应防止受寒或过热，要使其安静休息避免饱食。继发肠臌气应着重治疗原发病。

（5）平时要加强初生羔羊的护理，防止其饥饱不均或过食。

食后要让羔羊适当活动，避免在牧地躺卧时间过长影响消化功能。放牧人员要勤观察，早发现，快处理，使病情不致恶化，对有食毛癖的羔羊应进行原发病的治疗。母羊患有乳房炎症时应立即停止吮乳，改吃保姆奶或喂奶粉。

202. 羔羊肠痉挛怎样防治？

【治疗】该病多发生于羔羊哺乳期，主要是因受寒、母羊乳汁不足或品质不佳，羔羊处于饥饿或半饥饿状态时等不良因素的刺激引起的间歇性腹痛。治疗本病的基本措施是缓解腹痛。

（1）酒精、茴香酊或姜酊 10 ~ 20 毫升，或复方樟脑酊 5 毫升加水灌服。

（2）30% 安乃近 2 ~ 6 毫升，肌内注射。

（3）氯丙嗪 25 ~ 50 毫升，肌内注射。

（4）30% 安乃近注射液 2 ~ 5 毫升，肌内注射。

（5）盐酸氯丙嗪注射液 20 ~ 50 毫克，肌内注射。

（6）0. 5% 普鲁卡因注射液和 5% 葡萄糖注射液等量混合，腹腔内注入。

（7）10% 硫酸镁 10 毫升，一次静脉注射。

（8）灌服热牛奶等也能取得良好效果。

（9）发病羔羊可放在温暖的厩舍中，也可进行腹部热敷。

【预防】

（1）加强护理，避免羔羊饥饿，注意防寒保暖。

（2）禁止用酸败、发霉、冰凉的饲料饲喂羔羊。

（3）可用清热健胃散进行保健，羊每头每次 20 ~ 50 克，拌入饲料中口服或灌服。

203. 羔羊口炎是怎么回事?

羔羊口炎是一种非传染性疾病，在饲养管理不良的情况下容易发生。多发于3～15日龄的羔羊，唾液增多，时常出现口腔流涎，或者有大量唾液呈线状外流。不肯吸吮母奶，从口内退出草料，口的边缘附有白色泡沫，这时候若检查口腔黏膜，会发现潮红、肿胀，有充血斑点、小水疱状或溃疡面，口温增高，有疼痛反应，说明羔羊已得了口腔炎，若不及时治疗，可导致羔羊消瘦、消化不良，甚至活活饿死。

引起本病的原因很多，主要有以下几个方面。

（1）由于口腔黏膜受到各种原因的损伤。如食物不清洁、牙齿不齐、受粗硬异物的刺伤、人工哺乳时温度过高、药液浓度太大、喂给发霉腐败饲料或误食有毒植物的刺激等。

（2）缺乏维生素C或维生素B_1。

204. 如何治疗和预防羔羊口炎?

【治疗】

（1）用1%盐水、0.1%～0.2%高锰酸钾或2%～3%氯酸钾洗涤口腔，然后涂抹2%碘甘油或龙胆紫，每日一次。

（2）如有溃疡，可先用1%～2%硫酸铜涂搽溃疡面，然后涂抹2%碘甘油。

（3）若维生素缺乏，可注射或口服维生素B_1或维生素C。

（4）对于口炎并发肺炎的，可以用中药进行治疗，以清肺热。可用花粉30克、黄芩30克、栀子30克、连翘30克、黄柏15克、牛蒡子15克、木通15克、大黄24克，将8种药共研为末，加入芒硝60克，开水冲，分给10只羔羊灌服。

（5）将硼砂、冰片、青黛、枯矾各10克，皂角、黄连各5克，研成细末，用湿润的棉球黏附药末，轻轻抹在口腔黏膜上，每日2次，连续2天。

【预防】

（1）首先消除病因，喂给柔软、营养好且容易消化的饲料。

（2）加强饲养管理，提高羔羊饲料品质。

（3）防止口腔受到高温或药品的刺激。

（4）产羔母羊的乳房要保持清洁，尽可能做到每天用温水洗刷，发现母羊患乳房炎要及时治疗。

205. 羔羊白肌病是怎么回事?

羔羊白肌病因缺硒（每千克饲料含硒量少于0.04毫克时）即可发生本病，也可能与母乳中缺乏维生素E，或缺硒、钴、铜和锰等微量元素有关。其主要特征是以骨骼肌、心肌纤维以及肝组织等发生变性、坏死，因病变肌肉粗糙、色淡，呈灰白色鱼肉状，甚至苍白，故名“白肌病”。

本病多呈地方性流行，多发生于秋冬、冬春气候骤变、青绿饲料缺乏时。以3~5周龄的羔羊最易患病，死亡率较高。

病羔精神沉郁，采食量大减，反刍停止，弓背，四肢无力，运动困难，喜卧，尿液呈淡红色等。死后剖检可见骨骼肌肉色淡或苍白。

206. 羔羊白肌病如何治疗和预防?

【治疗】

（1）对急性病例治疗通常使用注射剂。常用0.1%维生素E和亚硒酸钠混合注射液，肌内注射，羔羊每次2~4毫升，间隔10~20天重复注射一次。

（2）对慢性病例可采用饲料中添加维生素E和硒混合粉（主要成分是维生素E和亚硒酸钠），连用5~7天。

（3）孕羊日粮添加亚硒酸钠，每千克日粮添加0.1毫克；添加维生素E，每千克日粮添加10毫克。

【预防】本病预防关键在于加强对妊娠母羊、哺乳母羊和羔羊的饲养管理。

（1）供给豆科牧草，尤其是在冬春季节，可在饲料中添加含硒和维生素 E 的预混料，或肌内注射 0.1% 亚硒酸钠和维生素 E 混合注射液。每只母羊在产羔前 1 个月肌内注射 0.1% 亚硒酸钠维生素 E 合剂 5 毫升，即可起到很好的预防作用。

（2）可在羔羊出生后第 3 天，肌内注射亚硒酸钠维生素 E 合剂 2 毫升。断奶前再注射一次亚硒酸钠维生素 E 合剂 3 毫升。

207. 哪些原因可造成羔羊的异食癖？

羔羊发生异食癖的主要原因是饲草营养不全。而导致羔羊陆续出现异食癖的现象则有两种可能。

（1）母羊在怀孕后期，饲草中营养不全和缺乏。

（2）胎儿出生后，母羊饲养管理不良，致使母羊奶水不足，加之人工哺喂不及时，或补喂的饲草单一。

208. 如何防范羔羊的异食癖？

（1）满足怀孕母羊的营养需要，保证胎儿正常生长发育。母羊怀孕后期，随着胎儿发育逐渐增快，所需营养物质逐渐增多。母羊除采食青粗饲料外，应补喂精料。

（2）羔羊出生后，应尽早让羔羊吃上足够量的初乳。如遇母羊缺奶，应给母羊补料催奶或人工奶给羔羊补喂。人工奶可用黄豆 50%、玉米 20%、大麦或小麦 30% 配制成，将原料除去杂物后，用 30～37℃的温水浸泡 4～5 小时，待种皮膨胀后去水，使其发芽；当芽即将突破种皮时磨成糊状，加 8 倍左右的清水，煮沸 15 分钟，过滤后加入相当于原料 0.5% 食盐、4% 酵母、4.5% 白糖、1.5% 骨粉、1.5% 贝壳粉、0.5% 微量元素添加剂，1～2 滴鱼肝油，拌匀后给羔羊哺喂。

（3）对哺乳羔羊提早训练采食，以弥补羔羊的哺乳不足，并在补喂羔羊的精料中适当增加骨粉、微量元素等。

（4）对羔羊进行适当地放牧，勤晒太阳。

（5）让羔羊舔舐碘砖，使微量元素得到充分补充。

209. 羊流行性角膜结膜炎怎样治疗和预防?

羊传染性角膜结膜炎又称“流行性眼炎”、“红眼病”。主要以急性传染为特点，多发生在蚊蝇较多的炎热季节，一般是在5～10月夏秋季。

【治疗】

（1）发现病羊要及时隔离，一般病羊若无全身症状，在半个月内可以自愈。

（2）发病后应尽早治疗，越快越好。

① 用2%～4%硼酸液洗眼，拭干后再用3%～5%弱蛋白银溶液滴入结膜囊中，每天2～3次，也可以用0.025%硝酸银液滴眼，每天2次；随后也可用氯霉素眼药水点眼，每眼2～3滴；或涂以盐酸红霉素、盐酸金霉素、四环素软膏。

② 如有角膜翳时，可涂以1%～2%黄降尿软膏，每天1～2次；也可用0.1%新洁尔灭，或用4%硼酸水溶液逐头洗眼后，再滴以5 000单位/毫升普鲁卡因青霉素（用时摇匀），每天2次。

③ 角膜浑浊者，滴视明露眼药水效果很好。

④ 重症病羊加滴醋酸可的松或氯霉素眼药水，并放太阳穴、三江穴血。

【预防】

（1）有条件羊场，应建立健康群。

（2）定时清扫，搞好圈舍卫生。

（3）定期消毒。每三天带羊消毒一次，每两周更换一种消毒药，常用消毒药有0.5%过氧乙酸、聚维酮碘、醛制剂、亚氯酸钠、百毒杀等。场区及运动场用2%～5%火碱每周进行一次消毒。

（4）加强检疫。对新购买的羊只，至少需隔离60天，方能允许与健康者合群。

210. 羊钩端螺旋体病是怎么回事?

羊钩端螺旋体病是由致病性钩端螺旋体引起的人兽共患的急性

传染病。钩端螺旋体对外界抵抗力较强，在水田、池塘、沼泽中可以存活数月或更长时间。对热、日光、干燥和一般消毒剂均敏感。病原主要由尿中排出，污染周围土壤、水源、饲料、圈舍、用具等，经消化道或皮肤黏膜引起传染。

本病在夏、秋季多见，幼羊较成年羊易感且病情严重，一般呈散发。

本病潜伏期2~20天。羊通常表现为隐性传染，主要是消瘦、黄疸、血尿，迅速衰竭而死；孕羊流产。

病理剖检可见皮下组织发黄，内脏广泛发生出血点；肾脏表面有多处散在的红棕色或灰白色小病灶，肝肿大，有坏死灶；膀胱内有红色尿液；淋巴结肿大，皮肤和黏膜坏死或溃疡。确诊需要实验室检测。

211. 如何治疗羊钩端螺旋体病?

（1）隔离病羊，给予充分休息，饲喂绿色饲料和多汁饲料，供给饮水。避免受直射阳光的长期照射。

（2）用高免血清、抗生素（氨苄青霉素、硫酸链霉素、长效土霉素、金霉素、头孢噻呋钠等）或“九一四”进行治疗。

① 硫酸链霉素按每千克体重15~25毫克，肌内注射，1天2次，连用3~5天；

② 长效土霉素按每千克体重10~20毫克，肌内注射，每天1次，连用3~5天；

③ 氨苄青霉素每千克体重10~20毫克，肌内注射或静脉注射，一天2~3次，连用2~3天。

④ 金霉素按每吨料加400克拌料。

⑤ 头孢噻呋钠每千克体重30~40毫克，肌内或静脉注射，一天1~2次，连用2~3天。

（3）对症治疗。

① 便秘时，可给予缓泻剂，如硫酸镁、硫酸钠等。

② 肾脏患病时，给予利尿剂，如乌洛托品等。

③ 心脏衰弱时，给予强心剂，如10%安钠咖，同时进行补液，可静脉注射20%葡萄糖溶液或葡萄糖氯化钠溶液。

212. 羊钩端螺旋体病怎么预防?

（1）经常注意环境卫生，作好灭鼠、排水工作。

严防病畜尿液污染周围环境，对污染的场地、用具、栏舍可用1%石炭酸或0.1%汞或0.5%甲醛液消毒。

（2）禁止将病畜或可疑病畜（钩端螺旋体携带者）运入养羊场户，对新引进场的羊只，应隔离检疫30天，必要时进行血清学检查。

（3）饮水为本病传播的主要方式，因此，羊的饮用水要清洁、无污染。

（4）彻底清除病羊舍的粪便及污物，将粪便堆集起来，进行生物热发酵。

（5）加强消毒。

用10%～20%生石灰水或2%～5%苛性钠严格消毒。对于饲槽、水桶及其他日常用具，应用开水或热草木灰水处理。

（6）在常发病地区应提前预防接种钩端螺旋体菌苗或接种本病多价苗，免疫期可达1年。

213. 羊放线菌病是怎么回事?

放线菌病是牛、羊及家畜和其他人的一种非接触传染的慢性病，其特征为局部组织增生与化脓，形成放线菌肿。

放线菌病的病原不仅存在于污染的土壤、饲料和饮水中，而且还寄生于动物口腔、咽部黏膜、扁桃体和皮肤等部位，因此，黏膜或皮肤上只要有破损，便可以感染。

该病一般为散发，常见下颌骨肿大。舌和咽部感染时，组织肿胀变硬，流涎，咀嚼困难。乳房患病时，呈弥漫性肿大或有局灶性硬结。

214. 羊放线菌病怎么防治?

（1）硬结可用外科手术切除，若有瘘管形成，要连同瘘管彻底切除。切除后的新创腔，用碘酒纱布填塞，1～2天更换1次，伤口周围注射10%碘仿醚或2%卢戈氏液（复方碘溶液）。

（2）口服碘化钾，每天1～3克，可连用2～4周。在用药过程中如出现碘中毒现象（脱毛、消瘦和食欲缺乏等），应暂停用药5～6天或减少用量。

（3）抗生素治疗该病也有效，可同时用青霉素和链霉素注射于患部周围，每日1次，连用5日为1个疗程。

（4）预防本病主要是防止皮肤和黏膜发生损伤，避免喂粗糙草料，发现伤口要及时处理和治疗。

215. 羊衣原体病是怎么回事?

绵羊、山羊的地方流行性流产是一种鹦鹉热衣原体感染，由于病原在胎衣，特别是绒毛膜中驻足和繁殖，引起发炎，造成胎羔感染或流产。

本病可通过呼吸道、消化道及损伤的皮肤、黏膜感染，也可通过交配或用患病公羊的精液人工授精感染；蜱、螨等吸血昆虫叮咬也可能传播本病。多呈地方性流行。

羊衣原体病临床上主要有流产型、肺肠炎型、关节炎型、结膜炎型。

（1）流产型：又名地方流行性流产，流产发生于怀孕的最后1个月，羊群第一次暴发本病时，流产率可达20%～30%，以后则每年5%左右。流产过的母羊以后不再流产。

（2）肺肠炎型：体温升高，鼻流黏性分泌物，流泪，以后出现咳嗽和支气管肺炎。

（3）关节炎型：又称多发性关节炎，主要发于羔羊，发病率一般达30%，甚至可达80%以上。如隔离和饲养条件较好，病死率低。病程2～4周。

（4）结膜炎型：又称滤泡性结膜炎，主要发生于绵羊，尤其是肥育羔和哺乳羔。

216. 如何防治羊衣原体病？

（1）发生本病时，流产母羊及其所产弱羔应及时隔离。对污染的羊舍、场地等环境进行彻底消毒。在流行地区，用羊流产衣原体灭活苗对母羊和种公羊进行免疫接种。

（2）可采用以下方法进行治疗。

① 可肌注青霉素，每次 80 万～160 万单位，1 天 2 次，连用 3 天。

② 可用四环素等治疗。

③ 结膜炎患羊可用红霉素、金霉素、四环素软膏点眼治疗。

217. 由于感染造成羊恶性水肿病是怎么回事？

羊恶性水肿病是一种急性创伤性传染病。其特征是体表出现气肿、水肿和全身性毒血症。本病绵羊和山羊均可发生，常由于剪毛时剪破皮肤被感染。此外，如注射时操作针头不洁、去势、断尾、咬伤、接产和其他外伤均可感染。本病病程短急，死亡率高。

（1）临床表现。

羊染病后，潜伏期 1～5 天，主要表现羊只突然死亡，在伤口周围发生弥漫性炎性水肿，病初坚实、灼热、疼痛，后变为无热、无痛，手压柔软，有轻度捻发声。创口常渗出不洁的红棕色浆液、恶臭。若发生于生殖道时，阴门肿胀，阴道黏膜充血发炎，令阴部和腹下部炎性水肿，运动发生障碍，病畜起立困难、垂头拱背、呻吟。严重病例，全身发热，呼吸困难，黏膜充血、发绀，腹泻，最后发展为血毒症而死亡。

（2）病理剖检变化。

剖检可见皮下气肿，皮下结缔组织有红褐色或红黄色液体浸润。血液凝固不良，局部淋巴结肿大，肝脏肿大，心肌变性，心包积液及肺水肿等。

218. 羊恶性水肿病的发病机理是什么？

恶性水肿的病原为腐败梭菌，腐败梭菌由伤口进入受伤的组织中，在厌氧条件下进行繁殖，产生毒素，损害血管壁，引起局部组织水肿。病菌繁殖时分解肌肉中的部分肝糖和蛋白质，产生数量不等的气体。毒素及组织分解产物进入血流引起毒血症，发生严重的全身症状和迅速死亡。菌体也可进入血液循环，在远处的器官或组织中产生新的病灶。

219. 羊恶性水肿病如何治疗和预防？

【治疗】

（1）抗生素疗法：青霉素，每千克体重1万~1.5万单位，链霉素每千克体重10毫克，肌内注射，每天2次。或长效土霉素，每千克体重10毫克，用5%葡萄糖液稀释成0.5%溶液，静脉滴注，每天1~2次。注射用四环素250万~500万单位、5%葡萄糖注射液300毫升、25%维生素C注射液20毫升、5%碳酸氢钠注射液500~1 000毫升、5%葡萄糖生理盐水3 000毫升，一次静脉注射。每日1次，连用3天（四环素、维生素C、碳酸氢钠分开静注）。

（2）冲洗疗法：扩大创口，先用2%高锰酸钾液冲洗后，再用双氧水冲洗，然后涂擦10%碘酊，每天处理1次，直到治愈。病灶周围注射注射用青霉素钠240万单位、注射用链霉素300万单位、注射用水50毫升，每天2次，连用3~5天。

【预防】

（1）在剪毛、去势、断尾、注射、助产及做外科手术时，要严格消毒。

（2）场地清扫后用2%~3%来苏儿消毒地面。

（3）术后加强护理，防止感染。

220. 肉羊常见的呼吸道疾病有哪些?

（1）羊肺腺瘤病。

（2）羊梅迪—维斯纳病。

（3）羊巴氏杆菌病。

（4）羊传染性胸膜肺炎。

（5）羊结核病。

（6）羊肺炎。

（7）羊蠕虫性肺炎。

（8）羊肺丝虫病。

221. 几种常见的羊呼吸道疾病如何鉴别诊断?

临床上主要通过临床症状、病理变化进行鉴别诊断。

（1）羊肺腺瘤病：病羊逐渐出现虚弱、消瘦、呼吸困难的症状，因剧烈运动而呼吸加快。当支气管分泌物积聚于鼻腔时，则出现鼻塞音，低头时，分泌物自鼻孔流出。病理组织学变化不同，肺腺瘤病以增生性、肿瘤性肺炎为主要特征，羊肺腺瘤病的病羊肺尖叶、心叶和膈叶前缘等部位可见数量不等呈弥散性分布的如粟粒或豌豆大小的灰白色结节，微微高出于肺表面。病理切片观察，可发现肺泡上皮细胞和细支气管上皮细胞异型性增生，形成腺样构造。

（2）羊梅迪—维斯纳病在临床表现上类似，均引起呼吸困难、慢性、进行性的肺炎症状，但梅迪—维斯纳病的病羊不流鼻液。病理变化以间质性肺炎为主，肺泡上皮不形成乳头状腺瘤结构。

（3）羊巴氏杆菌病：体温升高达 41 ~ 42℃，呈败血症症状。病羊颈部、胸部发生水肿，肺脏呈大叶性肺炎变化（肺脏瘀血、点状出血或发生实变）；肝脏常有坏死性病灶；胃肠道有出血性炎症。采集血液、病变组织可分离出多杀性巴氏杆菌。

（4）羊蠕虫性肺炎：在病理剖检或者组织切片中均可发现虫体，易与其他呼吸道疾病区别。

（5）羊肺丝虫病：第一症状是咳嗽，羊被驱赶和夜间休息、早晨出圈时咳嗽更为明显，听诊肺部有湿性啰音。常从鼻孔排出黏液分泌物，干涸后在鼻孔周围形成痂皮，经常打喷嚏，呼吸困难。剖检病死羊只尸体贫血，血液稀薄，支气管、细支气管中有脓性黏液和混有血丝的分泌物团块，其中混有细小白色的虫体，虫体寄生部位表面隆起，呈灰白色结节，触诊坚硬。脾脏肿大，腹内多组织器官呈贫血状。切开水肿部位，有淡黄色胶样液体流出。

（6）羊传染性胸膜肺炎：流浆液性鼻涕，后转变为黏脓性，附着在鼻唇部，进而出现短而湿的咳嗽，特别是清晨从圈舍刚刚放出时明显。触诊肋胸部病羊表现敏感、抗拒。打开胸腔后，可见大量淡黄色液体，与空气接触后不久有纤维素凝块形成；急性病例多侵害一侧肺，发生明显的肝变，切面呈大理石样外观；个别病羊肺、胸膜、心包三者发生黏连，心包积液，心肌表面有少量散在出血点；肺门淋巴结肿大，切面湿润多汁，有散在出血点。

（7）羊结核病：病羊咳嗽，听诊肺部有干啰音，流黏脓性鼻液。主要病变为在肺脏和其他器官以及浆膜上形成特异性结节和干酪样坏死灶。

（8）羊肺炎：体温上升达 40～42℃，寒战，呼吸加快。鼻无分泌物，常发干而痛苦的咳嗽音。剖检可见喉部充血，气管与支气管发炎，一侧肺部硬而呈黑红色。

222. 几种常见的羊呼吸道疾病如何防治?

（1）加强饲养管理，提高机体抵抗力。羊舍密度不宜过大，注意防寒保暖，供给全价营养的草料。搞好环境卫生，加强消毒，粪便做无害化处理，定期驱虫，加强检疫净化，对阳性羊及时淘汰或扑杀。

（2）对症治疗：可用磺胺类、青链霉素合剂、头孢类、长效土霉素、泰乐菌素、氟苯尼考等药物肌内注射，每天 1～2 次，连用 3～5 天。体温高时可注射安乃近或安痛定，肌内注射。咳嗽时可用氯化胺 2～5 克，杏仁水 2～3 毫升，灌服。心脏衰弱时可用樟脑磺酸钠 2～3 毫升或 10% 安钠咖，肌内注射。

223. 羊坏死杆菌病如何防治?

坏死杆菌病是由坏死杆菌引起的畜禽共患慢性传染病，以蹄部、皮下组织或消化道黏膜的坏死为特征。有时转移到内脏器官如肝、肺形成坏死灶（羊烂肝肺病），有时引起口腔、乳房坏死。

为了更好地防治此病，平时要保持羊舍及放牧场地的干燥，避免造成蹄部、皮肤和黏膜的外伤，一旦出现外伤应及时消毒。

（1）用0.1%高锰酸钾或3%来苏儿、3%双氧水冲洗蹄部的坏死组织，然后用碘酊或龙胆紫涂擦。

（2）可用10%硫酸铜溶液进行温脚浴。

（3）对坏死性口炎可用0.1%高锰酸钾冲洗，涂碘甘油或龙胆紫。

（4）对内脏转移坏死灶，可用抗生素结合强心、利尿、补液等药物进行治疗。

（5）在羊只分娩之前，将圈舍打扫干净，进行消毒，垫以清洁新鲜的干草。

（6）羔羊出生后，用碘酊消毒脐带。对群饲羔羊及时接种口疮疫苗。

（7）如果已经发生了口疮，要及时治疗，减少继发感染机会。对患口疮的病羊用5%碘酊或石炭酸甘油涂擦。

224. 几种常见的羊腹泻性传染病如何鉴别诊断?

这些疾病通过临床症状和病理变化进行鉴别诊断。

（1）羊轮状病毒病：多见于5～15日龄羔羊，较少发生于大羊。羔羊的轮状病毒病的潜伏期很短。单纯性感染临床并不一定表现腹泻或轻微腹泻，但饲养环境卫生状况不良、气候寒冷或潮湿，轮状病毒与其他肠道细菌发生继发感染，表现水泻、体温升高、食欲减退或拒食，反复腹泻不止，不断排出灰黄色的稀薄粪便。剖检可见肠腔内有稀薄内容物，肠黏膜充血或有出血。如将肠组织制成病理切片检查，更可见肠绒毛皱缩和肠系膜淋巴结水肿。

（2）羊副结核病：症状是进行性消瘦、衰弱、间歇性腹泻。首次流行本病的羊场，须通过细菌学和变态反应检查方能确诊。剖检可见回肠的肠黏膜显著增厚，并形成脑回样的皱褶，但无结节、坏死和溃疡形成，肠系膜淋巴结肿大，有的表现肠系膜淋巴管炎。

（3）羊大肠杆菌病：肠型大肠杆菌病主要发生于一周龄以内的羔羊。主要是高热，反复腹泻，粪便先为灰白、半液状，后为液状并混有黏液、血液和气泡。剖检可见胃肠黏膜充血和出血。肠系膜淋巴结肿胀、充血。本病可通过细菌培养和显微镜检查确诊。

（4）羊沙门氏菌病：主要以腹泻为主，病初排黄绿色粥样粪便，继则呈水样，有的粪便中混有肠黏膜，呈急性经过，常常突然死亡。慢性的常常污染后躯，并伴有腹痛尖叫、抽搐、痉挛；有的突然瘫痪或卧地不起，甚至突然死亡。剖检变化可见盲肠、结肠甚至回肠膨大，内积满液体（未发酵奶汁），肠壁有点状或弥漫性出血；有的皮下水肿（呈胶冻样）；脾肿大，呈樱红色或黑色；肝脏表面有黄白色坏死灶。

（5）羔羊痢疾：是由B型魏氏梭菌引起的，主要危害7日龄以内的新生羔羊，2~3日龄的发病最多，10日龄以上的很少发病。病羊低头拱背，不吃乳，不久就发生持续性剧烈腹泻，粪便由糊状转变为水样，黄白色或灰白色，后期为棕色形成血便，大便失禁，恶臭。1~3天衰竭死亡。少数病羔羊腹胀而不下痢、四肢瘫软、卧地不起、呼吸急促、口吐白沫、角弓反张、体温下降，常数小时后死亡。

225. 常见的羊腹泻性传染病怎么防治?

【防治原则】

（1）利用抗生素控制继发感染，补液、防脱水、防酸中毒、收敛止泻为主的支持疗法。

（2）加强饲养管理，搞好环境卫生。

（3）加强消毒，一般每3天带羊消毒一次，每2周进行一次全场大消毒，常用0.5%过氧乙酸、百毒杀、聚维酮碘、威力碘、醛制剂、亚氯酸钠、蓝光等消毒药，每2周更换一种消毒药，减少耐药性，以保证消毒效果。

【防治措施】

【羊轮状病毒病】防治本病可采取有效的预防措施，治疗可采取对症治疗法。

(1) 静脉注射5%葡萄糖的生理盐水和碳酸氢钠（小苏打）溶液，以防止脱水和酸中毒。

(2) 内服磺胺脒（每千克体重0.05～0.1克）或土霉素（每千克体重均10毫克）以控制肠道继发细菌性感染。

(3) 可投用收敛止泻剂（鞣酸蛋白、次硝酸铋、活性炭等）。患羊要停止哺乳，用葡萄糖盐水给病羊自由饮用。

(4) 平时要加强饲养管理，注意保暖，加强护理；新生羔羊及早吃到初乳，增强母羊和羔羊的抵抗力。

(5) 可对种羊接种羊轮状病毒疫苗。

(6) 为防止疾病进一步传播，要及时清除垫草和消毒场地与用具。

【羊副结核病】发生羊副结核病的地区和羊群，应采取检疫、隔离、消毒和处理病羊等综合性防疫措施。鉴于目前对本病尚无有效菌苗和治疗方法，采取宰杀处理病羊是防止疫病扩大蔓延的最好办法。

(1) 对于没有临床症状或症状不明显的病羊，用变态反应每年检疫4次，可用副结核菌素或禽型结核菌素0.1毫升，注射于尾根皱皮内或颈中部皮内，经48～72小时，观察注射部位的反应，局部发红肿胀的，可判为阳性。

(2) 对出现临床症状或变态反应阳性的病羊，及时淘汰。

(3) 感染严重、经济价值低的一般生产群应立即将整个羊群淘汰。

(4) 对圈栏应彻底消毒，并空闲一年后再引入健康羊。

【羊大肠杆菌病】

(1) 特异性疗法可使用与羔羊本病同血清型的大肠杆菌病菌

苗。也可采用本场大肠杆菌菌属制作多价菌苗，母羊产前一个月予以注射，效果较好。

（2）药物治疗。

① 可选用硫酸新霉素、硫酸卡那霉素或氯霉素，每日每千克体重剂量为30～50毫克。

② 盐酸环丙沙星每千克体重10～15毫克，分两次内服。

③ 土霉素粉每日每千克体重30～50毫克，分2～3次口服。

④ 磺胺脒第一次1克，以后每隔6小时内服0.5克。具体用药要根据药敏试验结果。

【羊沙门氏菌病】

（1）要注意环境卫生消毒，制造良好的饲养环境。

冬天做好保温防风工作，秋季做好防潮工作。产羔房最好不连续使用，每次产羔完和临产前要彻底消毒，地面可铺撒石灰，并用2%～5%火碱彻底对地面、墙面喷雾，然后密闭用福尔马林或过氧乙酸熏蒸消毒。产羔期最好能每天喷雾消毒一次。

（2）要注意怀孕母羊的营养及体况。

母羊怀孕期运动必不可少；饲料营养须根据母羊的营养状况调整，尤其怀孕后期。饲料中最好能加大蛋白饲料及维生素E的用量。临产前30天和15天注射一次亚硒酸钠和维生素E合剂；母羊产后3天内喂给红糖麸皮水（红糖100克，麸皮300克），以保证母羊奶汁充足和体况快速恢复，并作好怀孕母羊的防疫工作。

（3）要做好新产羔羊的护理。

做好新产羔羊的护理尤为关键，尤其能否采食到优质的初乳，是羔羊能否获得先天免疫抗体的重要步骤。羔羊产后一周内口服或肌注抗菌药物可有效预防该病，尤其在疾病多发季节（阴雨、潮湿、环境恶劣等）。但要注意药物用量及种类，以防引起中毒和耐药。

【羔羊痢疾】羔羊痢疾多见于出生后7天以内的羔羊。病羔不吃奶拉稀，粪便先是灰白色或淡黄色，后变成红色和褐色，并有恶臭味，常在2～3天内死亡。由于羔羊患病后，病程短，衰弱快，因此在治疗中使用常规的收敛剂，磺胺药疗效不确切，特别是继发感染，症状更为严重，死亡率更高。防治羔羊痢疾可用下列几种方法。

（1）对下痢羔羊可选用抗生素及磺胺类药物治疗，常用的有链霉素、磺胺6-甲氧嘧啶、磺胺嘧啶钠、复方新诺明、硫酸新霉素等。

① 磺胺脒18克、鞣酸蛋白0.2克、碳酸氢钠0.2克，一次内服，日服3次。

② 青霉素5万~10万单位，每日肌内注射2次。

③ 将乳酸环丙沙星0.2克放入100毫升等渗糖盐水中静脉注射，同时口服土霉素粉0.3克，治愈率达50%以上。

④ 硫酸卡那霉素，10~15毫克/千克体重，肌内注射，2次/天，连用3~5天。

⑤ 硫酸庆大霉素，2~4毫克/千克体重，肌内注射，2次/天，连用3天。

（2）对下痢严重者应配合补糖、补液，保护胃肠黏膜，调整胃肠机能等对症治疗。也可灌服口服补液盐，连用7~10天。

（3）对湿热型下痢佐以黄连素片剂。

（4）可用中药治疗。

① 对寒湿型下痢佐以附子理中丸。

② 对非菌型腹泻口服参苓白术散、鲜姜汁等中药制剂能收到良好的效果。

③ 对于冬痢，可用党参、炮干姜、炙甘草、白术各等量（羔羊20~80克）煎水降温后内服，每日2~3次，连续服2~3天。

④ 杨树花500克，加水适量，煎汁浓缩至500毫升。每天10~15毫升，1次服完，连服2~3次即愈。

（5）加强产羔母羊的饲养管理和产羔环境的卫生消毒工作。一旦发生应及时调换产羔圈舍，并做好原生产圈舍的消毒工作。

（6）在产羔前15~20天再给待产母羊接种一次“羊三联四防”魏氏梭菌联苗，以保证羔羊获得充足的母源抗体。

（7）对于发生过该病的羊场，一般羔羊出生后 36 小时内应喂土霉素 10 毫克，每天 2 次，连服 3 天；20% ~30% 长效土霉素，肌内注射，一天一次，连用 3 ~5 天。可减少疾病的发生。

226. 引起羊真菌性皮炎的原因是什么？是怎么传播的？

羊真菌性皮炎发生的原因主要是空气潮湿而闷热造成的，多发于夏季。夏季这个季节，各种细菌滋生，尤其是寄生于羊身上的真菌更为活跃。本病主要通过以下几个途径进行传播的。

（1）真菌性皮炎感染主要通过羊之间的接触，或者是通过污染了的物品、圈舍等进行传染。

（2）空气和虱、蚤、蝇、螨等寄生虫也是真菌的传播媒介。

227. 羊真菌性皮炎临床表现特点是什么？

羊真菌性皮炎为人兽共患皮肤病，养殖者要严加注意，预防人兽之间互为传染。该病临床特点如下。

（1）皮肤上出现界限明显的圆形或轮状癣斑，眼观病灶上有鳞屑或痂皮。

（2）典型的皮肤病变是被毛脱落，呈圆形向周围扩展。病变区除圆形外，还有呈椭圆形、无规则的地图形。

（3）真菌性皮炎多发区主要在羊的面部、耳朵、四肢、趾爪和躯干等部位。

（4）感染的表皮伴有鳞屑并成红斑状隆起，严重感染时，患羊的皮肤被毛大面积脱落。当癣斑中央部开始痊愈而生长毛发时，其周边部分的脱毛现象仍在继续进行。

（5）该病有时会导致大面积的皮肤损伤，损伤的真皮层呈蜂窝状，并有许多小的渗出孔。

（6）本病的急性感染病程为 2 ~4 周，若不及时治疗，则转为慢性，慢性病极难治愈，有的可持续数月，甚至数年。

228. 羊真菌性皮炎如何治疗和预防?

(1) 治疗可采取局部药物治疗和全身药物治疗的方法。

① 局部药物治疗。可选择刺激性小，对皮肤渗透力强的有效药物进行局部涂擦。常用药物有：克霉唑软膏、咪康唑软膏、酮康唑软膏、达克宁霜、癣净、皮康圣等外用药物，对治杀真菌有一定疗效。

② 全身药物治疗。可内服药物，加强巩固治疗效果，常有的内服药物有：灰黄霉素、酮康唑和氟康唑，其中灰黄霉素有可能引起胎儿畸形，所以妊娠羊忌用。

(2) 预防本病除了加强饲养管理，搞好环境卫生，还要定期驱虫和灭蚊蝇。

229. 羊伪结核病是怎么回事?

羊伪结核病是由伪结核棒状杆菌感染所引起的一种接触性、慢性传染病，其特征为局部淋巴结发生干酪样坏死，有时在肺、肝、脾和子宫角等处发生大小不等的结节，内含淡黄绿色干酪样物质。伪结核棒状杆菌存在于土壤、肥料、肠道内和皮肤上，经创伤感染。该病在羔羊中少见，随羊龄增长，发病增多。感染初期，局部发生炎症，后波及邻近淋巴结，淋巴结慢慢增大和化脓，脓初稀，渐变为牙膏样或干酪样。

病羊一般没有明显症状，屠宰时才被发现。如体内淋巴结和内脏受波及时，则病羊逐渐消瘦、衰弱、呼吸加快，时有咳嗽，最后陷于恶病质而死亡。该病在头部和颈部淋巴结发生较多，肩前、股前和乳房等淋巴结次之。

230. 如何防治羊伪结核病?

(1) 肌内注射青霉素，每天 2 次，连用 5 ~7 天。

(2) 对脓肿按一般外科常规连同包膜一并摘除。

(3) 平时预防须做好皮肤和环境的清洁卫生工作。

（4）皮肤破伤应注意及时处理。

（5）发现病羊应及时隔离治疗。

231. 羊前胃弛缓怎么治疗？

羊的前胃弛缓是指羊采食较多的发霉、变质或冰冻的饲料，或饲喂了过量的精料及运动不足而导致本病发生。患有前胃弛缓的病羊，食欲减退或不食，经常空口磨牙、反刍无力、反刍次数减少或停止反刍，时间长后则逐渐消瘦，严重者表现贫血，甚至死亡。羊前胃弛缓可采用以下方法治疗。

（1）促进反刍：可静脉注射10%氯化钠100~200毫升，加10%安纳咖5毫升。

（2）促进瘤胃蠕动：可皮下注射硫酸新斯的明2毫升，每隔6小时注射1次，直到恢复瘤胃蠕动；也可内服吐酒石（酒石酸锑钾）1~2克，每天1次，连用2~3天。

（3）恢复瘤胃内微生物群系：将刚屠宰的健康羊的瘤胃液或健康羊反刍时口腔内的草团，经病羊口腔灌入瘤胃内，这对恢复瘤胃甚至肠道内的微生物群系非常重要。

232. 引起羊瘤胃积食的原因和发病特点有哪些？

（1）引起羊瘤胃积食的原因。

① 羊只采食大量容易发酵的饲草饲料所致，尤其是在蝶形花科、豆科牧草开花以前幼嫩时过量采食易发生该病。

② 羊突然采食大量半湿不干的花生秧、地瓜秧等之后又缺乏饮水，可引起瘤胃积食。

③ 羊只摄食雨后水草或落水未干的青草、冰冻饲料或湿秸秆，或是在夏季雨后清晨放牧时，均易患此病。

④ 另外发生瓣胃阻塞、真胃阻塞和肠阻塞时，也可继发瘤胃积食。

（2）羊瘤胃积食发病特点。

① 羊瘤胃积食发病急速。

② 病初羊食欲废绝，反刍和嗳气停止，站立不动，作排粪姿势，背弓起，头弯向腹部（顾腹），咩叫。

③ 随着病情的发展，病羊左腹部急剧胀大，敲时带鼓音，精神沉郁不安，呼吸急促，口吐白沫，脉搏加快，眼结膜潮红、发紫。严重者神志呆滞，倒地不起，最后窒息死亡。

233. 羊瘤胃积食治疗原则和方法有哪些？如何预防？

【治疗原则】羊瘤胃积食治疗时主要以排出瘤胃内容物、止酵防腐、促进瘤胃蠕动、解除酸中毒为宗旨。

（1）按摩瘤胃。

发病初期，在羊的左肷部用手掌按摩瘤胃，每次按摩 5～10 分钟，每天按摩 5～10 次，可以刺激瘤胃，使其恢复蠕动。

（2）促进反刍。

静脉注射 10% 的高渗盐水 100～200 毫升，同时皮下注射硫酸新斯的明或毛果芸香碱拟胆碱药物，每只羊每次 12 毫升，每天2～3 次，以促进胃肠蠕动。

（3）强心补液缓解酸中毒。

为了补充体液，纠正代谢性酸中毒，可静脉注射复方氯化钠溶液 500 毫升、10% 安钠咖注射液 5～10 毫升、5% 碳酸氢钠（小苏打）溶液 100～200 毫升。

（4）病势严重者可手术治疗。切开瘤胃，取出瘤胃内容物，以缓解积食。

【治疗方法】

（1）食醋 200～300 毫升，食油 50 毫升，明矾 20 克，混合灌服。

（2）大蒜 100 克捣碎，食油 100 毫升，醋 100～150 毫升，混合灌服。

（3）甲醛 15 毫升，肥皂水 200 毫升，混合灌服。

（4）鱼石脂 3 毫升，松节油 10 毫升，酒精 20 毫升，混合加水 200 毫升一次灌服。

（5）让病羊站在坡地上，头向上，用木棒放于口中，用手按压腹部，内服植物油 50～200 毫升。

（6）可用套管针或 16 号针头在左侧肷窝处穿刺放气，但要缓慢进行，气放完后，可顺放气管注入松节油 20～50 毫升、10% 甲醛液 100～200 毫升，拔出管后，术部用鱼石脂外涂或用 5% 碘酊消毒并贴盖胶布。

【预防措施】

（1）要避免羊只采食过多的蝶形花科、豆科牧草。

（2）防止羊偷吃精料。

（3）经常供给充足的饮水。

234. 羊瘤胃臌气如何治疗？

瘤胃臌气是指瘤胃内容物急剧发酵产气，机体对气体的吸收和排出发生障碍，致使胃壁急剧扩大的一种疾病。放牧的羊多发。当羊采食过多的幼嫩青草时，在胃内迅速发酵，产生大量气体而又不易排出体外，引起胀肚，俗称“青草胀”，多发于每年六七月份。

（1）放气。对于急性的瘤胃臌气，及时放气排气是缓解症状的一种重要方法。可用瘤胃穿刺放气法或胃导管放气法。

① 病羊危机时，可在左侧腹部臌胀最高处，可用 16 号穿刺针穿刺缓慢放气。

② 把病畜牵到斜坡上，头在高处，一人将嘴撑开，另一人双手用力按摩臌胀部，或者用一根小木棒横放于口中，木棒的两端用绳子拴于头上，然后进行按摩，使胃内气体从口中排出。

（2）制止发酵。

① 放气后，顺便注入 0.5% 的普鲁卡因青霉素 80 万～240 万单位，或酒精 20～30 毫升。也可灌服豆油、花生油、棉籽油 50～100 毫升。

② 在排出胃内气体的同时，投服止酵剂。如福尔马林 1～3 毫升。可用乳酸 20 毫升，加水 1 000毫升，或福尔马林 20 毫升加水 1 000毫升，或 10% 的鱼石脂酒精 150 毫升，加水 1 000毫升内服。

也可用菜籽油100毫升混合适量烟丝一次灌服病羊。也可用75%的酒精10毫升加鱼石脂5克混水一次灌服病羊，并用手按摩其左腹部帮助排出气体。

（3）排除瘤胃内容物。为了排泄掉胃内有害物质，可以内服硫酸钠800克，加适量的水；也可口服1 000 ~ 2 000毫升的石蜡油；可灌服泻剂硫酸钠或硫酸镁50 ~ 100克，或植物油100 ~ 250毫升，让胃肠内容物尽快排出。

235. 羊食道异物阻塞的临床表现如何？

羊食道异物阻塞后大量唾液从口鼻流出，颈部肌肉痉挛，不嗳气，不反刍，呼吸困难，瘤胃臌气。若救治不及时会窒息死亡。

羊食道继发性阻塞病发病急速，采食顿然停止，仰头缩颈，极度不安，口和鼻流出白沫。用胃导管探诊，胃管不能通过阻塞部。有时羊因反刍、嗳气受阻，常继发瘤胃臌气。诊断依据胃管探诊和X射线检查可以确诊。若阻塞物部位在颈部，可用手外部触诊摸到。

236. 羊食道异物阻塞如何治疗？

发生食道梗塞时，应尽早排除堵塞物。

（1）如果堵塞物在咽部，可用手或镊子夹出；如果堵塞物在深部食道，则先用胃导管灌入2%普鲁卡因溶液50毫升，经8 ~ 10分钟后，再向食管内灌入液体石蜡油50毫升，然后用胃导管向下推送堵塞物，一旦将堵塞物送入瘤胃，即可解除梗塞。

（2）吸取法。

阻塞物为草料食团，可将羊保定好，送入胃管后用橡皮球吸取水，注入胃管，在阻塞物上部或前部软化阻塞物，反复冲洗，边注入边吸出，反复操作，直至食道畅通。

（3）胃管探送法。

阻塞物在近贲门部位时，可先将2%普鲁卡因溶液5毫升、石蜡油30毫升混合后，用胃管送至阻塞部位，待10分钟后，再用硬质胃管推送阻塞物进入瘤胃中。

（4）砸碎法。

当阻塞物易碎、表面光滑并阻塞在颈部食道时，可在阻塞物两侧垫上布鞋底，将一侧固定，在另一侧用木槌或拳头砸（用力要均匀），使其破碎后咽入瘤胃。

（5）手术法。

（6）治疗中若继发瘤胃臌气，可施行瘤胃放气术，以防病羊发生窒息。

237. 羊食道异物阻塞颈部的中或下 1/3 处时如何治疗?

（1）先向食道中灌注 200 ~ 250 毫升食用油，以减轻摩擦，然后将异物先向咽部稍移动，用胃管涂以凡士林或其他油类插入食道，把阻塞物向瘤胃推进。

（2）如病羊不安，难于进行时，可用水合氯醛 25 ~ 40 克，加米汤 1 000 ~ 2 000毫升灌肠。

（3）食道痉挛，插入胃管有困难时，可向胃管内灌入 2% 普鲁卡因 15 ~ 20 毫升，10 ~ 15 分钟后，再继续插入将阻塞物捅入瘤胃。

（4）推动无效时，可将胃管一端与打气筒连接，每打气一次，将胃管乘食道扩大之机向下推送，一般打气 3 ~ 5 次可将阻塞物送入胃内。

（5）也可用胃管插入食道内顶住阻塞物，将另一端接在气筒式灌肠器的接头上，术者固定胃管，助手将灌肠器插入盛满水的水桶中，连续往食道内打水。这时，如病羊骚动不安，甚至从口鼻内流出大量的水及草渣，仍可继续打水，一般一次即通，如仍未通，休息几分钟再继续进行。为检查阻塞物是否畅通，最好再用漏斗向胃管内灌水 500 ~ 1 000毫升，若水能顺利流到胃，可确认阻塞物已通开。

238. 用手术方法怎样治疗羊食道异物阻塞?

经用手或镊子夹出、吸取法、胃管探送法、砸碎法处理后，仍无效时，可施行手术切开食道取出阻塞物。

（1）羊胸部食道阻塞，可先切开瘤胃，将胃管从瘤胃送入，另一端连接自来水管，顺着水的冲力将阻塞物向颈部食道推移，再从颈部食道切开取出阻塞物。

（2）阻塞疏通后，由于食道局部炎症，应配合抗菌消炎疗法，并限制喂食 1 ~2 天。脱水病羊还应适当补液。

239. 羊食道异物阻塞如何预防?

（1）防止羊偷食未加工的块根饲料。

（2）补喂生长素制剂或饲料添加剂。

（3）清理牧场、厩舍周围的废弃杂物。

240. 羊瘤胃酸中毒是怎么回事?

羊瘤胃酸中毒因采食了大量的含碳水化合物丰富的精饲料，在瘤胃内发酵产生大量的乳酸，使瘤胃内微生物和纤毛虫生理活性降低的一种消化不良疾病。多因偷食或突变饲料配方而过食大量含碳水化合物饲料，如玉米、高粱、麦类。粗精比例失调引起的。一般根据饲喂精料的病史、脱水、口腔的气味（酸味）可初步确诊。

241. 羊瘤胃酸中毒如何治疗?

羊瘤胃酸中毒治疗主要是解除脱水和酸中毒，中和瘤胃内过多的乳酸。

（1）生石灰 250 克，加水 3 千克充分搅拌，用上清液洗胃。洗胃后可用香油 500 克投入胃内。

（2）如羊只不安，可用下药方洗胃：0.9% 生理盐水 100 毫升、青霉素 240 万单位、5% 普鲁卡因 6 毫升，一次腹腔注射。洗胃后可用0.9% 生理盐水 250 毫升、复方氯化钠 250 毫升、5% 碳酸氢钠（小苏打）100毫升、山梗菜碱6毫升，一次静脉注射。一天可用药2～3次。

（3）对病情较重的羊只补液和纠正酸中毒后可用：10%氯化钠500毫升、2%普鲁卡因4毫升、氢化可的松15毫升、氨茶碱8毫升，一次静脉注射。

（4）病后期，对有希望康复的羊只可用：5%糖盐水250毫升、10%氯化钠30毫升、地塞米松6毫升、氯化钙240毫升、安钠咖10毫升，一次静脉注射。

242. 羔羊胎粪停滞的表现有哪些？

羔羊胎粪停滞又称便秘，主要是指羔羊出生后1～2日，因秘结而不排胎粪，并伴有腹痛症状。

临床主要表现胎儿出生后1日以上仍不排粪，精神不振，拱背，努责，频作排便姿势而无便排出，起卧不安，有刨地踢腹等腹痛症状时，要考虑是否出现胎粪停滞（便秘），此时听诊肠音减弱或消失，或出现不吃奶，出汗，无力，脉搏加快，后期卧地不起等症状；用手指伸入直肠可摸到干硬粪块，或掏出黑色的浓稠粪便。

243. 羔羊胎粪停滞如何治疗？

（1）用温肥皂水灌肠，或由直肠灌入石蜡油300毫升，用于软化粪便，以利排出。

（2）用细胶管插入羔羊直肠内30～50厘米，进行直肠深部灌肠，必要时经2～3小时后再灌肠1次。

（3）可灌入开塞露20毫升，或内服适量硫酸钠或露露通胶丸，同时配合按摩腹部促使粪便排出。

244. 引起羊直肠脱的原因是什么？

直肠脱是直肠末端的黏膜层脱出肛门外（脱肛）或部分直肠向外翻转脱出肛门外。严重的病例发生水肿、黏膜坏死、套叠、黏连、直肠破裂。引起直肠脱的病因是由多种原因综合的结果。

（1）内因是直肠韧带松弛，肛门括约肌松弛，直肠、直肠黏膜下层组织机能不全，神经衰弱等不能保持直肠正常位置。

（2）外因为长期腹泻或便秘、异常分娩、长途运输、腹内压增高、微量元素不足等。

245. 羊直肠脱的临床表现有哪些？

羊直肠脱诊断容易，但应注意判断是否发生套叠、直肠穿孔。

（1）黏膜性脱肛时，在肛门处可见到中央有孔的淡红色半圆球形突出物，发生瘀血、水肿时呈暗红色。

（2）直肠脱时，可见肛门处突出圆筒状下垂物，向下弯曲。严重时水肿、黏膜坏死、直肠破裂，病畜体温升高，食欲减退，频繁努责。

246. 羊直肠脱怎么治疗？

（1）清洗：用温开水或温生理盐水清洗脱出的直肠，清除粪便等异物，然后用0.2%的高锰酸钾溶液清洗患部。

（2）整理：患部黏膜发生坏死时，用手术剪剪除或用手指剥除坏死黏膜。理顺轻微套叠、扭转的脱出直肠，进一步检查患部。

（3）挤水肿液：患部发生水肿时，用梅花针按一定疏密度扎破黏膜层，用撒有明矾末的纱布包住患部揉擦，挤出水肿液。

（4）整复：用温开水清洗患部，涂上鱼石脂软膏或5%碘仿凡士林软膏，将病畜倒挂后，从肠腔口开始，将脱出的直肠向内翻转入肛门，然后用涂布软膏的木棒从肛门伸入整复直肠。如病畜强烈努责可进行局部浸润麻醉整复。

（5）固定：用橡皮筋做周长5～9厘米的皮圈，距肛门孔1～2厘米处将皮圈沿肛门周围缝在皮肤上，经7～10天病畜不再努责后撤除。此方法的关键要皮圈的弹力大，弹性好。

（6）注射：距肛门孔周围2～3厘米处，肛门的上方，左右两侧分点，注射75%酒精3～5毫升和2%盐酸利多卡因2～4毫升，深度3～10厘米。为使针头与直肠平行，避免针头远离直肠或刺破直肠，注射时用食指伸入直肠引导刺入。针头刺入适当深度后，边拔针头边注入药物。注射的目的是利用药物刺激使直肠周围的结缔组织增生，以固定直肠。

（7）护理：手术后病畜喂多汁易消化饲料，充分饮水。

247. 羊消化不良是怎么回事?

羊消化不良是羔羊一种常见的消化道疾病，主要特征是消化机能障碍和不同程度的腹泻。多见于出生后哺乳不久或经 1 ~2 天后开始发病，羔羊到 2 ~3 月龄以后，此病逐渐减少。

临床上表现有单纯性消化不良和中毒性消化不良。单纯性消化不良体温一般正常或偏低。中毒性消化不良可能表现一定的神经症状，后期体温突然下降。

248. 造成羊单纯性消化不良的原因有哪些?

单纯性消化不良是指对饲料的消化和吸收能力降低，食欲紊乱，并伴发下痢的疾病。最常见于生后 1 ~3 周的羔羊。造成原因主要有以下几个方面。

（1）怀孕母羊的饲养不良。怀孕母羊的营养不良必然会影响胎羊的生长发育，尤其是怀孕后期胎羊的生长发育增强时更为显著。除了直接影响胎羊以外，营养不良母羊的初乳蛋白质及脂肪的含量均减少，维生素、溶菌酶及其他营养物质缺乏，因而乳汁稀薄，乳量减少，乳色发灰，气味不良。吸吮这种初乳就会引起消化不良。

（2）羔羊的饲养和护理不当均能引起本病的发生。

① 母乳中维生素不足或缺乏，特别是维生素 A、B 族维生素、维生素 C，造成初生羔羊的维生素不足或缺乏，尤其是维生素 A 缺乏时，使黏膜上皮角化，以致发生肠胃炎，而出现下痢。

② 羔羊受寒或羊舍过于潮湿，卫生条件差。圈舍粪尿积聚，母羊乳头不卫生。或受寒后饱食或饱食后受寒。

③ 人工给羔羊哺乳不能定时定量、人工哺乳中奶的温度过高

或过低，使胃肠蠕动机能降低，从而使胃肠内容物腐败、发酵，引起消化不良。

④ 在自然哺乳中。哺乳母羊患病（如母羊乳房发炎），母乳中含有病理产物和病原微生物。因受到奶中微生物的危害，常会引起单纯性消化不良。

⑤ 管理不合乎卫生要求，病的发生就会增加。例如饮水不洁，饲槽不常洗刷，病羊的排泄物不及时清除，以致污染羊栏、墙壁及蓐草等，均能引起本病的发生。

⑥ 母羊饲养管理不当，新生羔羊吃不到初乳或吃初乳过晚，初乳品质过差。

⑦ 母羊乳汁不足，初乳不足，营养缺乏。

⑧ 羔羊由吃母乳向饲料过渡时，吃进过量难以消化的饲料饲草，使胃肠道易受刺激而发生消化不良。

249. 羊单纯性消化不良发病机理和临床表现有哪些?

（1）羔羊的肠黏膜发育不全，较为薄弱，容易发生损伤而患消化不良。

（2）胃液的酸度小，酶的活性低，胃肠的内容物容易发生分解不全，而产生发酵过程。发酵产物能够刺激肠蠕动，使之加强，故在临床上表现下痢症状。

（3）当肠的消化过程紊乱时，就会使食糜的氢离子浓度改变，给肠内细菌的发育和繁殖创造了良好环境。

（4）由于分解不全的产物和细菌毒素能够破坏肠黏膜的防御机能，因而引起一系列并发症。当病理产物被吸收入血时，即引起肝脏和神经系统的紊乱。因此病羊表现出高度的精神沉郁状态。单纯性消化不良主要表现消化机能障碍和腹泻，一般不表现明显的全身症状。

250. 引起羊中毒性消化不良的原因有哪些?

羊中毒性消化不良大部分是因为单纯性消化不良治疗不及时，

胃肠内容物发酵、腐败分解的产物被吸收，而使羔羊发生急性或慢性中毒。其特征是食欲减退，发生呕吐和下痢，同时伴有神经症状。生后不久的羔羊最容易发生，2～3 月龄的发生较少。

（1）主要原因与单纯性消化不良相同，只是由于治疗失时或不正确，发展到羔羊中毒。

（2）饲养管理不合乎卫生要求，如舔食不洁的物体及饲具，吃了腐败发霉的饲料，饮了不清洁的水，都可能使腐败菌或化脓菌进入胃肠道而染病。此时肠道中的大肠杆菌亦有致病作用，协同地使机体发生中毒。

（3）所有能够降低机体抵抗力的因素，都能使外源性细菌或肠道内原有细菌加速繁殖，而引起中毒，例如天气过热，营养不良，羊群密集等。

（4）在消化紊乱而细菌作用的同时，消化道的机能发生反常，吸收了饲料分解所产生的有毒物质（如吲哚、粪臭质等），就更加剧了中毒的程度。

251. 羊中毒性消化不良是如何发病的?

中毒性消化不良是自体中毒的中毒性消化不良。在饲养失宜，使肠道机能发生紊乱时，肠内容物容易发酵腐败，肠内细菌也就获得了发育繁殖的机会。这些饲料的分解产物和细菌产生的毒素，能够刺激肠黏膜的感受器，向大脑皮质发出一系列的冲动，于是短时间内使得皮质的兴奋性增高和出现防御性反应——分泌黏液。胃液酸度增高，表现下痢或呕吐，结果造成水盐代谢失调。胃肠道的毒物经门脉进入肝脏，能够破坏肝脏的解毒和防御机能，侵入大循环的毒素能够直接刺激中枢神经系统，使中枢发生抑制，因而病羔精神萎靡，对周围刺激反应迟钝。随着病程的发展，可发现痉挛及其他神经症状。严重时，由于发生全身脱水及酸中毒，使大脑皮质机能更加紊乱，病羔呈现昏迷状态。

252. 羊中毒性消化不良的临床表现有哪些?

表现严重的腹泻并伴发自体中毒和全身机能障碍。病羊精神委顿，目光呆滞，食欲废绝，衰弱无力，体温升高，呕吐，结膜苍白、黄染、重腹泻。粪便多呈灰绿色，且其中混有气泡和白色小凝块（脂肪酸皂），带有酸臭味，混有未消化的凝乳块及饲料碎片。伴有轻度臌气和腹痛现象。持续腹泻时由于脱水，皮肤弹性降低，被毛蓬乱失去光泽，眼球凹陷。

253. 羊消化不良如何治疗?

应改善饲养卫生条件，注意护理，抑菌消炎，促进消化，防止酸中毒，制止胃肠的发酵和腐败过程。

（1）禁食 8 ~ 10 小时，喂以温的生理盐水或糖盐水（温度应和体温相当），每日 3 ~ 4 次，每次 100 毫升左右。

（2）消化不良，腹泻肚胀，可用助消化药乳酶生 1 ~ 2 克、酵母片 2 克，加温水混奶内喂服。还可以喂服乳酸菌奶，每千克体重 5 ~ 8 毫升，每日 2 ~ 3 次，混入正常奶中。有胀气时，可内服活性炭或木炭末 2 ~ 4 克，吸收气体及毒物。

（3）严重腹泻、粪便灰暗，除用助消化药外，还可应用磺胺类药物或抗生素，抑制肠道细菌的发育繁殖和防止中毒，同时加用收敛保护药物。

（4）如母羊乳汁不足或母羊因病不能哺乳时，可哺人工初乳（鱼肝油 10 ~ 15 毫升、氯化钠 10 克、鲜鸡蛋 3 ~ 5 个、新鲜牛乳 1 000毫升，混合搅匀），羔羊 50 ~ 100 毫升。开始给正常量的 1/4，以后逐增至 1/3 至 1/2，并用温开水稀释一倍左右喂给。

（5）体弱长期消化不良而习惯性拉稀的，输血治疗有较好效果。可取母血 30 ~ 50 毫升，输给羔羊。

（6）如发现黏膜发绀，心音低沉，呼吸微弱，瞳孔散大，不时惊厥时，应速按休克和脑水肿治疗。于输液的同时，肌内注射硫酸阿托品 0. 01 ~ 0. 04 毫克/千克体重，轻症者每隔 1 ~ 1. 5 小时一次，重症者30分钟一次，直至黏膜发绀减轻，症状好转为止。

254. 羊严重腹泻如何治疗？

羊患消化不良时，严重腹泻、粪便灰暗，除用助消化药外，还可采取以下治疗方法。

（1）硫酸卡那霉素2万单位/千克体重，肌内注射，一日2次；同时胃蛋白酶加水灌服，一日3次。

（2）腹泻有疼痛时，可用复方樟脑酊2～4毫升，加温开水10毫升，一次内服。

（3）鞣酸蛋白2克、磺胺脒2克、药用炭5片、矽炭银5片，混合研细，分四次内服，每6小时一次。

（4）脱水时进行补液。

① 用5%糖盐水250～300毫升，10%安钠咖1毫升，静脉滴注。

② 饮服口服补液盐，连用7～10天。

③ 5%糖盐水5毫升、2%碳酸氢钠50毫升、母羊血浆25毫升，混合配成溶液，分为两次静脉注射，每日1次。如果输液后尿量增加，却发现有肌肉发软和腹胀等症状时，可以用10%氯化钾注射液，静脉注射5～10毫升（临用前用5%葡萄糖注射液将本液稀释为0.1%～0.3%的浓度）。

④ 静脉输入母羊血40～50毫升。

（5）对于急性血痢，可用阿片酊0.2～0.3毫升，加水10毫升内服。

255. 羊消化不良如何预防？

（1）加强羔羊的饲养管理，定时、定量、定温饮喂。长期供给清洁的饮水。3月龄前用接近于体温的温水（39℃左右），以后用15℃左右的水。

（2）保持圈舍及饮喂用具的清洁卫生，冬春寒冷季节要做好防寒保暖工作。

（3）舍饲羔羊应适当运动，获得一定阳光。

（4）要保证母羊怀孕期及哺乳期的营养需求，补充多种维生素，尤其是怀孕后期更为重要。

① 在怀孕的最后 20 天，日粮中应该加入富含红萝卜素的饲料，以增加维生素 A 和维生素 E 的供应。

如果显著感到维生素的给量不足，还可以肌内注射维生素 A 和维生素 D 的制剂。

② 日粮中亦应加入适量的微量元素，常用氯化钴 11.5 克、硫酸铜 1.62 克、氯化锰 2.856 克、硫酸亚铁 1.625 克、水 10 升，混合成溶液，每天给予 15～20 毫升，可连续应用。

（5）每日驱使孕羊进行室外运动，尤其是在冬季。这样可以促进血液循环及消化道的活动。

256. 羊支气管炎如何防治？

【治疗】

（1）祛痰可口服氯化铵 1～2 克，吐酒石 0.2～0.5 克，碳酸铵 2～3 克。其他如吐根酊、远志酊、复方甘草合剂、杏仁水等均可应用。止喘可肌内注射 3% 盐酸麻黄素 1～2 毫升。

（2）慢性气管炎常用下列处方：盐酸氯丙嗪 0.1 克，盐酸异丙嗪 0.1 克，人工盐 20 克，复方甘草合剂 10 毫升，一次灌服，一日一次，连用 1～2 次。

（3）控制感染以抗生素及磺胺类药物为主。可用 10% 磺胺嘧啶钠 10～20 毫升肌内注射，也可内服磺胺嘧啶 0.1 克/千克体重（首次加倍），每天 2～3 次。肌内注射青霉素 20 万～40 万单位或硫酸链霉素 0.5 克，每日 2～3 次。直至体温下降为止。

【预防】

（1）加强饲养管理，排除致病因素。

（2）给病羊以多汁、营养丰富的饲料和清洁的饮水。

（3）圈舍要宽敞、清洁、通风透光、无贼风侵袭，防止受寒感冒。

257. 羊吸入性肺炎是怎么回事?

羊吸入性肺炎是羊偶将药物、食糜渣液、植物油类误咽入气管、支气管和肺部而引起的炎症。其临床特征为咳嗽、气喘和流鼻涕，肺区有捻发音。病羊精神沉郁，食欲大减或废绝；体温升高，达40～41℃，弛张热，日差平均1.1℃（最高达2.5℃）；脉搏加速，呼吸频数，且呼吸困难，以腹式呼吸占优势，腹部扇动显著。初期，病羊常呈干咳，随着分泌物增加可表现为湿咳。鼻流浆性或黏浆性鼻液。病程中期，流灰白色带细泡沫的鼻液，落地如花点状。咳嗽低哑，呈阵发性，连续7～8声；咳时伸颈低头，声音嘶哑。肺部听诊，初期主要为干啰音；以后则出现湿啰音，并有散在捻发音。肺前下三角区，即心区后上方呼吸音弱或消失。叩诊该区，呈局灶性半浊音或浊音。肺的腹界扩大，有肺小泡气肿现象。随病情的好转，上述临床症状逐渐减轻以至消失。

258. 羊吸入性肺炎如何防治?

（1）对该病采取青霉素为主的综合疗法。青霉素80万单位肌内注射，每日1～2次，连续4～7日。同时用青霉素40万单位、0.5%普鲁卡因2～3毫升气管注射，每日或间日1次，注射2～5次。并配合应用泻肺平喘、镇咳祛痰等中药（如葶苈9克、贝母6克、元参9克、远志3克、杏仁2克、甘草1.5克）。对于咳嗽严重不能投水剂的病羊，做成舔剂投服。若肺脓肿时，可应用10%磺胺注射液20毫升，静脉注射；或改用四环素0.5克，加入输液中，静脉注射。

（2）在治疗过程中应重视维持病羊的心脏机能以及其他对症疗法。为此，除交互应用强心剂、咖啡因和樟脑油外，可用葡萄糖、葡萄糖氯化钙以及葡萄糖酸钙注射液静脉注射，以维持心脏机能和全身营养。对食欲不良的病畜应用健胃剂。

（3）每日早晚将病羊牵出放牧。这对于促进食欲和加速健康的恢复能起良好的作用。

（4）防止食物或胃容物吸入，如手术麻醉前应充分让胃排空，对昏迷动物可采取头低及侧卧位，尽早安置胃管，必要时作气管插管或气管切开。加强护理更为重要。

259. 羔羊肺炎如何治疗?

羔羊出生后 10 日内，肺炎发病率较高，除由于营养不良、维生素缺乏、断奶过早导致抵抗力降低等原因外，也常由于气候多变引起。羔羊肺炎预防的办法是加强羔羊的饲养管理，喂足母乳，保持产舍清洁、温暖，勤换垫草，保持舍内空气良好，防止寒风侵袭。

治疗羔羊肺炎可用 10 万～20 万单位青霉素、20 万单位链霉素、0.25 克氨苄青霉素或头孢噻呋钠 0.25 克，肌内注射，每天 2 次。或静脉注射 10% 磺胺嘧啶钠 5～10 毫升，并加 25% 葡萄糖液 20～30 毫升。

260. 羊发生贫血是怎么回事?

贫血是指血液总量减少或红细胞总数减少，以及血红蛋白含量降低的一类疾病。大多数病例都是由其他疾病继发而引起。我们饲养的羊中凡是单位体积血液中的血红蛋白或红细胞的数量减少，都称为贫血病。在临床上表现黏膜苍白，心率加快与心搏增强和肌肉无力。在休息时呼吸困难消失，这一特点可和不能代偿性的心力衰竭相区别。

261. 羊发生贫血的原因有哪些?

（1）饲养不合理：饲料的营养物质缺乏或供给不足。若长期给羊饲喂缺乏蛋白质、碳水化合物、脂肪、维生素以及微量元素（如钙、磷、铁、铜等）的饲料，使羊逐渐饥饿而消瘦，发生贫血。常见于晚冬及早春饲料缺乏时期。

（2）地区性原因：某些地区的土壤内缺乏铜、铁和钴时，从饲料中不能获得这些足够的微量元素，即逐渐表现出贫血症状。

（3）因为急性或慢性出血引起：如难产、手术过程及产后出血等。

（4）某些传染病、寄生虫病（尤其是钩虫与捻转胃虫以及肝片吸虫的危害）、中毒和自身内分泌失调等也能引起慢性贫血，急性或慢性出血也可引起贫血。绵羊及山羊有一种病毒所引起的贫血，很像绵羊的巴贝斯虫病。

（5）临床症状营养性贫血是逐渐发展而来的，初期可得到造血器官的代偿性增强而加以调整，不表现临床症状。当红细胞数继续减少时，逐渐出现贫血症状。

262. 羊贫血如何防治？

（1）对症治疗：纠正贫血，改善体内缺氧状态；感染，脏器功能不全应施予不同的支持治疗；肌内注射右旋糖酐铁、维生素E—亚硒酸钠。在治疗上，对失血性贫血应先止血；外部出血时，可进行外科手术处理；内出血时须应用综合疗法，可静脉注射10%氯化钙10毫升或葡萄糖酸钙注射液10～20毫升，同时应用止血药，如止血敏2～4毫升，肌内注射，氨甲苯酸10～20毫升，静脉注射。为了补充损失的血液，最好应用输血疗法，或用6%右旋糖酐注射液250～500毫升，静脉注射。

（2）对因治疗：查清病因，确定贫血的性质。实乃针对贫血发病机制的治疗。如缺铁性贫血补铁及治疗导致缺铁的原发病；巨幼细胞贫血补充叶酸或维生素B_{12}；自身免疫性溶血性贫血采用糖皮质激素或脾切除术；若为传染病或寄生虫病，应采取有关措施治疗原发病；若为饲料方面的原因，应立即改善饲料，供给富含蛋白质、维生素和矿物质元素的饲料。

（3）饲料营养要合理，粗精料比例要合适。否则会因某种营养素的缺乏而引起贫血。

263. 引起羊脑炎的原因有哪些？

（1）传染因素：主要是病毒和细菌感染，如慢病毒和单核细胞增多性李氏杆菌等。

（2）寄生虫因素：如脑脊髓丝虫病、脑包虫病。

（3）中毒因素：如铅中毒、毒素或药物中毒。

（4）继发于邻近部位感染：如角坏死或圆锯术、中耳炎或眼球炎。

264. 羊脑炎临床表现是什么？

（1）脑膜刺激症状：轻微刺激或触摸，可引起强烈的疼痛反应，或引起肌肉强直性痉挛，头向后仰。这种情况多见于以脑膜炎为主的脑膜脑炎。

（2）一般脑症状：病轻者食欲减退，行动迟钝。疾病发展时，头部下垂，沿着羊舍的墙壁走动，或突然做旋转运动。有时起立，有时躺卧，严重时可表现癫痫症状。绵羊患病后，常表现无目的前冲或后退，碰撞障碍物，大声咩叫。

（3）局部脑症状：属于神经机能亢进的有眼球震颤、瞳孔大小不等、鼻唇部肌肉痉挛，牙关紧闭及舌纤维性震颤等。属于神经机能减退的有唇歪斜、耳下垂、舌脱出、吞咽障碍及视力丧失。

265. 羊脑炎如何治疗和预防？

【治疗】

（1）抗菌消炎：应用氨苄青霉素（15 ~ 20 毫克/千克）静脉注射，每天 2 次。三甲氧苄嘧啶（20 毫克/千克），每天 4 次。

（2）对症治疗：病羊过度兴奋、狂躁不安时，可用溴化钠、水合氯醛等镇静剂。心脏功能不全时，可应用安钠咖、氧化樟脑等强心剂。有脑内压升高时，可适当静脉放血，或选用 25% 山梨醇液和 20% 甘露醇液（1 ~ 2 克/千克体重）静脉注射。根据病情，适当补液，维持营养。

（3）加强护理：将病羊放于凉爽而较暗的房舍内，供给大量褥草，使之安静，并加强看管，避免在兴奋发作时发生创伤。供给营养丰富而容易消化的饲料，如块根、青饲料及含麦麸的饲料。

【预防】

（1）一般着重于加强饲养管理。

（2）注意防疫卫生，防止传染性、寄生虫性以及中毒性病原的侵害。

266. 羊后躯麻痹的原因有哪些？

（1）由于风、寒、湿诸因素的侵袭，导致羊只后躯麻痹。临床上屡见不鲜，一般在治疗过程中均是以解热、镇痛、抗风湿类药物施治，药品耗费量大，且治疗效果往往不明显。

（2）由一种指形丝状线虫幼虫引起的羊腰麻痹病。通过蚊的叮咬，将幼虫传播给羊，而寄生于羊的脑脊髓腔中。在临床上引起的以腰麻痹或后躯麻痹为主要特征的病状。本病多在8～10月份发病。当羊感染了指形丝状线虫幼虫后突然出现后躯运动障碍。初期走路不稳，摇摆，容易跌倒，跌倒后不能自行起立。不能急转弯和后退，以后病羊卧地不起，呈犬坐姿势，前肢叉开，头弯向一侧，眼球震颤。严重的还可出现神经病状。可见到强直性麻痹，突然强直倒地，四肢划动，体温、呼吸、心跳无大的变化。有些病羊卧地吃草。

267. 羊风湿病与羊腰麻痹病区别是什么？

（1）羊风湿病发病比较缓慢，多见于阴雨连绵，圈舍潮湿，体温一般偏高。用安乃近，水杨酸制剂，强的松以及抗风湿的中药治疗效果显著。

（2）羊腰麻痹病的发病比较突然，并且多在8～10月份发病，没有风湿病史，用抗风湿的中西药治疗无效。

268. 羊风湿病发生原因有哪些？发病机理是什么？

风湿病是结缔组织反复发作的急性、慢性非化脓性炎症。其特征是胶原结缔组织发生纤维蛋白变性以及骨骼肌、心肌和关节囊中的结缔组织出现非化脓局限性炎症。本病的发病原因尚未完全清楚，一般认为风湿病是由以下因素造成的。

（1）A 型溶血性链球菌感染引起的变态反应性疾病。

溶血性链球菌正常存在于上呼吸道、鼻旁窦，当机体抵抗力降低时，便从咽、喉、扁桃体或其他部位侵入机体，局部产生感染。溶血性链球菌在生活活动过程中产生溶血毒素，杀白细胞毒素、透明质酸酶、链激酶等物质。这些物质作为抗原，使机体产生抗体，达到一定程度，机体处于致敏状态（准备阶段）。以后机体抵抗力下降，溶血性链球菌再次侵入机体，产生先前那些毒素和酶，与先前产生的抗体相互作用，呈现过高反应（激发阶段），发生变态反应。使胶原结缔组织发生纤维蛋白变性，骨骼肌、心肌和关节囊的结缔组织中产生非化脓性炎症而发生风湿病。因此，在风湿病发作之前，患畜常出现咽炎、喉炎、扁桃体炎等上呼吸道感染。如能早期应用大剂量抗生素进行彻底治疗，常能减少风湿病的发生。

（2）风、寒、潮湿等因素

风、寒、潮湿等因素在风湿病的发生上起着一定的作用，如畜舍潮湿、阴冷、受穿堂风的侵袭，夜卧于寒湿之地或露宿于风雪之中都很容易诱发风湿病。

269. 羊风湿病的表现如何？

羊风湿病有全身急性风湿和关节风湿病。不论哪种风湿病，病羊随运动量增加，运动机能障碍有所减轻或消失，有复发性，有转移性。

（1）全身急性风湿：羊突然发病，体温升高 1℃左右，心跳加强，全身大片肌肉疼痛，表面凹凸不平，皮肤发硬有变厚感，不愿走动，迈步不灵活，常 1～2 肢出现跛行；当转为慢性时，病羊全身症状不明显，肌肉、腱的弹性降低，重者肌肉僵硬、萎缩，运步强拘。全身急性风湿病病程短，1～2 周好转或痊愈，但易复发，有转移性。

（2）关节风湿病：常发生于活动性较大的关节，如肩关节、肘关节和膝关节等，常呈对称的关节发病。急性期呈现风湿性关节滑膜炎，关节囊及周围组织肿胀，滑液增多，滑液中混有纤维蛋白，患病关节外形粗大、温热、疼痛、肿胀，运步时出现跛行；转为慢性时，关节滑膜及周围组织增生、肥厚，关节肿大，轮廓不清，活动范围变小，运动时关节强拘，患病关节温热、疼痛，全身症状不明显。

270. 羊风湿病治疗原则和方法有哪些?

【治疗原则】主要是消炎、镇痛、抗过敏。

（1）局部疼痛。

可给患部注射镇跛痛 5 毫升，每日或隔日 1 次。也可以每日用松节油或樟脑酊涂擦 2 ~ 3 次。行动自如后，将水杨酸钠 6.5 克用温水混合，调入饲料中喂服，每日 2 次；1 周后改为每次 13 克，每日 2 次，连用数日。也可以静注 10% 水杨酸钠 20 ~ 40 毫升（加入 25% 葡萄糖注射液 100 毫升中），每日 1 次，连用 5 ~ 6 次。

（2）消炎和抗变态反应。

氢化可的松、强的松注射液 5 ~ 20 毫克或地塞米松注射液 5 ~ 10 毫克，混入生理盐水或 5% 葡萄糖注射液，静脉注射。还可以肌肉注射醋酸可的松 1 毫升或静脉注射氢化可的松 5 毫升，每日 1 次，连用 3 ~ 4 次。

（3）解热镇痛。

可选用安乃近、镇跛宁、安痛定等，10 ~ 15 毫升，一次肌内注射。

（4）还可应用针灸、中药、激光等疗法，局部用温热、刺激疗法。

【治疗方法】羊风湿病治疗以解热、镇痛、抗风湿为主。

（1）安乃近注射液：肌内注射，一次量 1 ~ 2 克。

（2）安痛定注射液：肌内或皮下注射，一次量 5 ~ 10 毫升。

（3）强的松：一日 10 ~ 40 毫克，肌内注射，必要时可加量。

（4）硫酸铜：对羊只（尤其是未断奶的初生羔羊）可采用硫酸铜液治疗，操作简便，不受场地、环境的影响，治疗时间短，成本低廉，疗效显著。

① 将结晶体溶解于35～40℃的温水中，溶液以呈淡蓝色为佳。

② 把羊只后躯麻痹部分放入溶解液中浸泡10～15分钟，并用手反复揉搓其躯干、肢端及肌肉丰厚部，拖出待干后，再浸泡10～15分钟，2～3天后，以同法再施治1次。一般情况下，治疗两次即痊愈。

271. 羊风湿病怎样预防？

本病的主要预防办法是经常保持羊舍干燥温暖。当遇到连续阴雨天气时，除了特别注意圈舍干燥外，还应尽量保证羊的运动。

（1）加强护理。将病羊放于干燥、温暖、空气流通而无贼风的向阳圈舍内，给以少量营养丰富而容易消化的饲料。

（2）畜舍要保持干燥、清洁，门、窗不要对开，保温防寒，精心饲养，上呼吸道感染时要及时治疗，可防止和减少风湿病的发生。

272. 羊腰麻痹病如何治疗？

羊腰麻痹病治疗主要在本病的流行季节（每年的8～10月），可每隔3～4周用以下3种药物（任选一种）的治疗量给药一次。

（1）海群生：羊每千克体重每次10毫克内服，一天3次，连用2天；也可一次给药20毫克，一天一次连续给药2～8天。海群生不仅对指形丝状线虫的微丝蚴和成虫有效，而且对幼虫也有显著的效果。

（2）酒石酸锑钾：羊每千克体重3～5毫克静脉注射或肌内注射。

（3）0.1%的灭虫丁注射液：按每千克体重0.2毫克，皮下注射，效果良好。

273. 羊骨折分几类？

（1）开放性骨折：皮肤破裂、骨露创外。

（2）闭合性骨折：皮肤未破，骨体有断离。

（3）不全骨折或骨裂：仅骨发生裂隙而骨体未断离。

274. 羊骨折怎么治疗?

羊腿骨折需要进行接骨治疗，同时配合消炎针消炎，在恢复期间注意补充营养，适当补充一些钙质。

（1）消毒。患处清理后涂5%碘酊消毒。

（2）整复固定。骨折处上下拉直，用手整骨复位。内衬棉花，然后用绷带（或石膏绷带）缠绕3~5层。前后左右各放一根薄竹片或薄木片再用纱布绷带多缠几层，然后用细绳（纱布条）上中下捆绑好。缠绷带不能过紧或过松，要适中。

（3）水胶固定法。将市售水胶溶化后（黏度适中）在患部外缚棉花衬垫，垫外加3~4根夹板或细竹棍，再用布绑腿并刷水胶，松紧适中。

（4）加强病羊护理。每日要把羊扶起，使之站立吃草料和饮水，但不能过多活动。患部肿胀消失，患肢能负重时要解开绑带。对开放性骨折，为防止感染可肌注抗生素药物。

275. 羊跛行是怎么回事?

本病是关节或肌肉的一种疼痛性炎症。因羊舍较长时期的潮湿、阴冷、空气污浊，或者羊只受到贼风侵袭、阴雨淋浇，都容易诱发本病，但真正原因还不完全清楚。目前一般认为与溶血性链球菌感染有关，也有人认为是由于饲料不适宜，使体内产酸过多，或者身体某一部分不能将废物排出，而引起发病。临床主要表现有全身发生的，也有局部发生的。一般表现四肢僵硬，行动不便，或者呈十字形跛行。有时关节肿大，体温升高。急性病例常突然跌倒，不能起立。发生于颈部时，头偏向一侧，颈部不能自由运动。如为肌肉风湿，可摸到患部肌肉发硬。患病部位并不局限于一处，常有游走性，而且多侵害后肢，故常有腰部发硬表现。跛行特点是步子短，步态僵硬。在开始行走时跛行显著，行走一段之后跛行减轻，甚至很不明显。

276. 羊跛行如何分类?

羊跛行一般有外伤性跛行、病毒性跛行、营养不良性跛行。

（1）外伤性跛行。指羊被石子、铁屑、玻璃碴等刺伤蹄部，或因蹄冠与角质层裂缝感染病菌，致使化脓，不能行走，或因环境潮湿，引发腐蹄病。

（2）病毒性跛行。如羊感染口蹄疫病毒后，四肢经常交替负重，并抖动后肢，出现跛行，严重时长期俯卧，起立困难。

（3）营养不良性跛行。指羊体内维生素 D 缺乏、钙和磷不足或比例失调，导致跛行、骨骼畸形。因骨质疏松，还易引起羊骨折或关节肿大。

277. 引起羊跛行的几种疾病如何鉴别?

引起羊跛行的主要疾病有风湿病、脑脊髓指形丝状虫病、钙缺乏及破伤风，临床上要相区别。在鉴别诊断时，要考虑季节性和地方性。

（1）风湿病。多见于秋冬湿冷的情况下，无蚊子时同样可以发生。发病过程：先是跛行，只有急性者突然卧地不起。患肢特点：肌肉紧张发硬，有转移性，按压局部时有疼痛反应。体温：急性时升高。食欲：急性时食欲减少。

（2）脑脊髓指形丝状虫病。

本病的季节性很强，极大部分都发生于 8 ~ 10 月间蚊子多的时候。发病过程：很突然。患肢特点：不紧张、不发硬、不转移，按压肌肉时无疼痛反应。体温：不升高。食欲：不受影响。

（3）钙缺乏及破伤风。

钙缺乏及破伤风均无明显的季节性。只要是饲料缺钙或钙磷比例失调时间较长，即可发生钙缺乏病，而且常为地方性疾病（地下水位高，土壤缺钙等）。发病过程：由不明显的跛行到明显跛行，卧地时已很消瘦。患肢特点：不硬不紧张，有时可看到头腿变形，关节变大。体温：不升高。食欲：逐渐减少。

破伤风发病过程：发展快。患肢特点：四肢直伸，关节不能屈曲。体温：不升高。食欲：迅速减少到完全废绝，牙关紧闭。

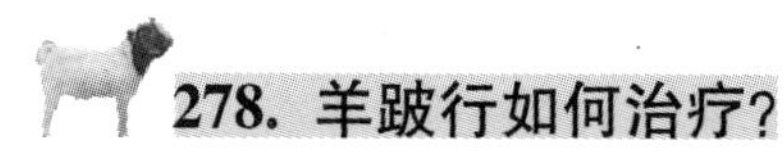

278. 羊跛行如何治疗?

（1）羊外伤性跛行。

治疗羊外伤性跛行时，要及时修整蹄部，尽快把刺入蹄部的异物清除。若蹄叉已腐烂化脓，可用1%～2%的高锰酸钾溶液清洗，再涂10%的碘酊液。若蹄底部有孔或洞，可向孔（洞）内填塞5%的硫酸铜粉或5%的水杨酸钠粉，包扎后外面再涂上松馏油或抗生素软膏等。为防止败血症发生，还应该注意用青、链霉素以及广谱抗生素进行全身治疗。

（2）羊病毒性跛行。

羊病毒性跛行主要是由口蹄疫引起的，治疗时，对所有的羊进行口蹄疫弱毒苗预防注射。发现病羊要进行严格隔离，固定饲养管理用具，进行严格消毒。对发病严重地区，要就地扑杀，并进行无害化处理。

（3）羊营养不良性跛行。

① 对因营养不良、管理不善引起的跛行，可加强饲养管理。饲草要多样化，并在饲料中补充骨粉。对于严重病羊，可用维丁胶性钙注射液0.5万～2万国际单位进行肌内或皮下注射，同时给病羊补饲富含维生素A、维生素E、维生素C和复合维生素B的饲料。

② 可给成羊用鱼肝油10～20毫升，给羔羊用鱼肝油5毫升，配以糖钙片适量，一次内服，连服数日。

③ 对特别严重的病羊可用3%的次磷酸钙溶液100毫升（成羊量），一次静脉注射，每天1次，连续注射3～5天。

④ 对于由严重缺钙引起的跛行，可静脉注射10%的葡萄糖酸钙50～150毫升。

279. 常见羊蹄病有哪些?

羊蹄病主要有腐蹄病、草莓样腐蹄病、蹄叶炎、蹄脓肿。

280. 哪些原因引起羊腐蹄病?

羊腐蹄病是由羊蹄受伤后感染了坏死杆菌等病菌所引起的，多发生在夏秋季节。

（1）由于圈舍泥泞不洁，在雨天或潮湿圈内长时间将蹄子浸泡在羊粪污泥中，或使蹄质软化，或放牧时羊蹄受到损伤，此时坏死杆菌等侵入就会引起腐蹄病。

（2）低洼沼泽放牧、坚硬物如铁钉刺破趾间造成蹄间外伤。

（3）由于饲料中蛋白质、维生素不足及护蹄不当等引起抵抗力降低，被坏死杆菌感染。患羊表现精神不振、食欲降低、喜卧、走路跛，初期轻度跛行，蹄常抬起不敢落地，患蹄肿大，慢慢发展到蹄化脓坏死，蹄趾角质开裂，蹄壳剥离脱落，流出灰白色脓液。趾间皮肤充血、发炎、轻微肿胀，触诊病蹄敏感。有的还能引起腱和韧带的坏疽及关节脓性炎。

281. 羊腐蹄病怎么治疗?

治疗时首先要隔离病羊，保持环境干燥。根据疾病进展情况，采取适当治疗措施。

（1）病初可用10%～30%的硫酸铜溶液放在水池内让患羊脚浴，每次2分钟，间隔2～4天重复一次。化脓的蹄子可用刀挖除坏死部分，再用1%的高锰酸钾溶液冲洗，

（2）除去患部坏死组织，到出现干净创面时，用食醋、4%醋酸、1%高锰酸钾、3%来苏儿或双氧水冲洗，然后涂上青霉素鱼肝油乳剂（青霉素钠盐10万单位溶解在5毫升冷水中，再与500毫升鱼肝油均匀混合），每天一次。深层断裂时可塞入浸透乳剂的棉球，并加以包扎。也可用黄连香油液（香油500克，煮开后冷却，加入黄连粉7.5克，搅拌均匀）涂抹病蹄，3～7天后痊愈。如为

大批发病，可每天用10%龙胆紫或松馏油涂抹患部。

（3）若脓肿部分未破，应切开排脓，然后用1%高锰酸钾洗涤，再涂浓福尔马林，或撒布高锰酸钾粉。

（4）除去坏死组织后，涂青霉素水剂（每毫升生理盐水含100～200单位）或油乳剂（每毫升含1 000单位）局部涂抹。对于严重的病羊，如继发感染时，在局部用药的同时应全身用磺胺类药物或抗生素，其中以注射磺胺嘧啶或土霉素效果最好。

（5）在肉芽形成期，可用1∶10土霉素、甘油进行治疗；肉芽过度增生时，可涂10%卤碱轻膏或撒卤碱粉。为了防止硬物的刺激，可给病蹄包上绷带。

282. 羊蹄叶炎发生原因有哪些？

（1）急性蹄叶炎多发于分娩时或突然变换饲料之后，或者伴发于肠毒血症、肺炎、乳房炎、子宫炎或过敏反应等情况下。

（2）慢性蹄叶炎常发于精料过食或肠毒血症轻度发作之后。春季的草含蛋白量高，也可能成为病因之一。

283. 羊蹄叶炎怎么治疗？

（1）采用对蹄子有益的温泡法。用热酒糟、醋炒麸皮等(40～50℃）温泡病蹄，每日1～2次，每次2～3小时，连用5～7天。

（2）采用抗组织胺疗法。注射苯海拉明2～3毫升，并结合静脉注射电解质，以利毒物的排除。

（3）当子宫有感染时，应给子宫内灌注10份等渗盐水和1份过氧化氢溶液，促使腐败物从子宫排出，然后灌注抗生素。

（4）对发生难产的羊，应及时使用缩宫素，帮助子宫复归。产后24～36小时胎衣不下者，可采取“胎衣不下”的疗法，促进胎衣排除。

（5）当因变换饲料、过食料或营养过于丰富的粗饲料引起山羊停食时，应内服硫酸钠100～120克或石蜡油80～100毫升，以帮助解除瘤胃酸中毒和排除毒物。

284. 引起羊关节炎的原因有哪些?

（1）传染性关节炎：没有做好对羊只的去势、断尾、剪号等伤口处理，以及出生后脐带断端的消毒工作，使细菌由伤口侵入，也可通过吞食由消化道转移到关节。舍饲羊羔，常因垫草潮湿、霉烂严重而引起发病。

（2）营养性关节炎：由于饲喂大量紫花苜蓿和补充钙剂过多，引起甲状旁腺降钙素细胞增生，进而引起钙在骨中沉积。降钙素细胞增生和分泌过量的降钙素，几乎是一种不可逆的过程。

285. 羊关节炎怎样治疗?

（1）传染性关节炎的治疗。

① 将病羔迅速隔离开来，抓紧治疗。应用磺胺类药物或青霉素，青霉素每次肌内注射 10 万单位，每日 2 次，连用 5～7 天。

② 加强卫生消毒工作，杜绝继续发病。为此，应清扫消毒圈舍，注意蓐草的干燥卫生，改进接羔过程的消毒工作，特别应注意脐带处理过程的消毒。

（2）营养性关节炎。

① 若给 1 岁左右的羊饲喂紫花苜蓿干草时，不要在精饲料中添加钙剂。

② 对成熟公羊应饲喂干草，或进行放牧，或饲喂紫花苜蓿时每天决不要超过 0.5～1 千克。

286. 引起羊的维生素 A 缺乏症的因素有哪些?

引起本病发生的原因是由于羊的饲料中缺乏胡萝卜素或维生素 A 饲料调制加工不当，使其脂肪酸败变质，加速饲料中维生素 A 类物质的氧化分解，导致维生素 A 缺乏。当羊处于蛋白质缺乏的状态下，便不能合成足够的视黄醛结合蛋白质运送维生素 A。脂肪不足会影响维生素 A 类物质在肠中的溶解和吸收。因此，当蛋白质和脂肪不足时，即使在维生素 A 足够的情况下，也可发生功能性的维生素 A 缺乏症。此外，慢性肠道疾病和肝脏有病时，最易继发维生素 A 缺乏症。

287. 维生素 A 缺乏症临床表现有哪些？

维生素 A 缺乏的病羊，特别是羔羊，最早出现的症状是夜盲症，常发现在早晨、傍晚或月夜光线朦胧时。患羊盲目前进，碰撞障碍物，或行动迟缓，小心谨慎；继而骨骼异常，使脑脊髓受压和变形，上皮细胞萎缩。常继发唾液腺炎、副眼腺炎、肾炎、尿石症等，后期病羔羊的干眼症尤为突出，导致角膜增厚和形成云雾状。

288. 维生素 A 缺乏症治疗和预防的方法有哪些？

【治疗】主要是补充富含维生素 A 及胡萝卜素的饲料，辅以药物治疗。

（1）增加日粮中黄玉米、胡萝卜、鱼粉和三叶草等。

（2）药物治疗时，在日粮中加入青饲料和鱼肝油，可获得迅速治愈。鱼肝油的口服剂量为 20 ~ 50 毫升。当消化功能紊乱时，可皮下或肌内注射鱼肝油，用量为 5 ~ 10 毫升，分点注射，每隔 1 ~ 2 天注射一次。亦可用维生素 A 注射液进行肌内注射，用量为 2.5 万 ~ 3 万国际单位。

【预防】

（1）主要是改善饲养，配合日粮时必须考虑维生素 A 的含量，每千克体重供给胡萝卜素 0.1 ~ 0.4 毫克。

（2）对妊娠母羊要特别重视供给青绿饲料，冬季要补充青干草、青贮料、青绿多汁饲料或胡萝卜；有条件可喂部分发芽豆谷，适当运动，多晒太阳。

289. 羊微量元素缺乏症有哪些？

（1）钴缺乏症：营养不良，地方性消瘦。

（2）碘缺乏症：甲状腺肿。

（3）铁缺乏症：贫血。

（4）锰缺乏症：骨关节肥厚。

（5）硒缺乏症：白肌病。

290. 羊微量元素缺乏症如何防治?

【治疗】发病后要经过兽医确诊后再用药，缺什么及时补充。

（1）钴缺症：应在 100 千克精料中均匀加入硫酸钴 30 克饲喂，或维生素 B_{12}注射液 1 000 ~ 2 000微克，肌内注射，隔日 1 次。

（2）碘缺乏症：可用碘 0.5 克、碘化钾 1.0 克，加常水 300 毫升溶解后，每日在饮水中滴入几滴，或在 1 千克食盐中加碘 150 ~ 400 毫克，混合均匀后供病羊舔食。

（3）铁缺乏症：可每日口服硫酸亚铁 2 ~ 10 克，或肌内注射右旋糖酐铁（牲血素）。

（4）锰缺乏症：用高锰酸钾 1 克，加常水 3 000毫升灌服，每周 1 次。

（5）锌缺乏：可按每千克体重日服 1 毫克硫酸锌。

（6）硒缺乏症：可取 0.1% 亚硒酸钠溶液 5 ~ 8 毫升，一次肌内注射，间隔 10 ~ 20 天再注射 1 次，并配合维生素 E 注射液300 ~ 500 毫升，肌内注射。

【预防】

（1）合理搭配饲料，补饲矿物质添加剂。

（2）饲料中的糖和蛋白质含量要适宜，过多或过少均会降低微量元素的利用率。

（3）防止并及时治疗影响微量元素吸收的消化道疾病。

291. 引起羊缺锰症的原因有哪些?

锰缺乏症是由于日粮中锰含量过少所致的一种矿物质营养代谢病。临床以成年羊不妊娠和羔羊骨骼变形、生长发育缓慢为特征。

（1）原发性锰缺乏症：主要是由于摄取锰含量过少的饲（草）料所致。当土壤中的锰含量在 3 毫克/千克以下、牧草中的锰含量在 50 毫克/千克以下时，成年羊便会发生不孕症，羔羊现生长发育缓慢和先天性或后天性骨骼变形等。玉米及大麦含锰最少，若日粮中长期大量饲喂这些饲料，易引起锰缺乏。

（2）继发性锰缺乏症：主要是由于饲料中锰的吸收率和利用率降低所致。在饲养过程中，当饲草（料）中的钙、磷含量过多时，会阻止羊只对锰吸收，从而降低对锰的利用率，即相对地对锰的需要量增多，则可诱发锰缺乏症。

292. 羊缺锰症的表现是什么？

锰缺乏时，羊表现为生长发育缓慢；四肢骨骼和关节畸形；母羊发情不明显，且易不孕或流产；公羊精子生成异常。

（1）羔羊锰缺乏：病羔食欲减退至废绝，被毛干燥，体质虚弱，消瘦，肱骨的重量、长度及抗断性能等显著降低。关节肿大，驻立姿势异常，站立困难，跛行。有的羔羊出生前即发生肢腿弯曲。

（2）成年羊锰缺乏：性周期延迟、不发情或弱发情，卵巢萎缩，排卵停滞，受胎率降低或不妊。胎儿吸收、死胎。公羊睾丸萎缩，性欲减退，精液质量不良。

293. 如何防治羊缺锰症？

防治羊缺锰症最有效方法是补充硫酸锰。

（1）日粮中常量及微量元素一定按需要添加，比率不能失调。要多喂青绿饲料、块根料，特别是甜菜，因为复合维生素 B 能促进锰在体内贮留。

（2）对母羊每日补饲锰含量 2 克添加剂，对繁殖性能恢复有较好效果。

（3）羔羊连续投服硫酸锰 4 克/天，有预防作用。但应注意的是投服剂量不要过大，因为锰还能干扰羊对钴和锌的利用。若补饲量大可导致羊生长缓慢和血红蛋白含量减少。

294. 哪些原因引起羊食毛症的发生?

(1) 母羊及羔羊日粮中的矿物质和维生素含量不足，特别是钙、磷的缺乏或比例失调，可导致矿物质代谢障碍。

(2) 哺乳期中的羔羊毛生长速度特别快，需要大量生长羊毛所必需的含硫丰富的蛋白质或氨基酸，如果这时此类蛋白质供应不足，会引起羔羊食毛。

(3) 羔羊离乳后，放牧时间短，补饲不及时，羔羊饥饿时采食了混有羊毛的饲料和饲草而发病。

(4) 分娩母羊的乳房周围、乳头、腿部的污毛没有剪掉，新生羔羊在吮乳时误将羊毛食入胃内也可引起发病。

(5) 舍饲时羔羊饲养密度过大，羔羊互相啃咬羊毛，进入肠道导致发病。

295. 羊食毛症如何预防?

(1) 延长离乳羔羊的放牧工夫，饲喂要做到定时、定量，避免羔羊暴食。

(2) 留意分娩母羊和圈舍内的干净卫生，分娩母羊产出羔羊后，要先将乳房四周、乳头长毛和腿部的污毛剪掉，然后用2% ~ 5%来苏儿消毒擦净，再让新生羔羊吮乳。

(3) 畜舍内零落混在草内的羊毛要勤打扫，保证饲草饲料不混羊毛。

(4) 挑选优良的青干草绑成把吊起，让羔羊自由采食或戏食，并在日粮中要配有骨粉和食盐，恰当补喂胡萝卜、麸皮等饲料。同时，变换饲料，改善饲料的营养成分，增喂矿物质和含维生素丰富的饲料，加强羊群运动，可能使本病很快得以控制。

296. 绵羊脱毛症是怎么回事?

羊脱毛症是指由于营养不良、维生素不足、代谢障碍、消化道疾病、体内外寄生虫病、细菌病毒感染、中毒病（霉败饲料、汞、砷中毒等）引起皮肤营养神经的紊乱，使毛根萎缩而发生被毛脱落，或是被毛发育不全的总称。先天性脱毛症是由于碘缺乏而引起的。本病呈地方性流行，发病率可高达15%～30%，死亡率较低。临床上主要临床表现有营养性脱毛症、寄生虫病性脱毛症和传染病引起的脱毛（只是局部的掉毛，不会引起大片脱毛）。

297. 羊营养性脱毛症是怎么回事？

羊营养性脱毛症特点是发病缓慢，病程较长，发病率较高，约10%，死亡率较低。

发病具有明显的季节性，一般从10月份枯草期开始，至翌年2月达到高峰，5月中旬后一般可自愈。发病羊主要为怀胎母羊和哺乳母羊，公羊很少发病。

发病羊只表现为背毛粗糙无光泽、色灰暗；羊体营养状况较差，有异嗜癖，表现为相互啃食被毛，喜吃塑料袋、地膜等异物。皮肤粗糙，弹性稍差。脱毛多发生于腹下、胸前、后肢。一般从腹下开始，然后波及体侧向四周蔓延，直至全身脱光。脱毛后露出的皮肤柔软，呈淡粉红色，不肿胀，不发热。动物无疼痛和瘙痒。多数羊边掉毛边长出纤细的新毛。严重发病羊只表现为腹泻、大面积脱毛，直至发生死亡。绝大多数羊至5月中旬后自愈，但到枯草季节后又再度脱毛。

298. 羊寄生虫病性脱毛症表现如何？

主要表现发生剧痒，患部皮肤出现丘疹、结节、水疱，严重形成脓疱，破溃后形成痂皮和龟裂。体重下降，日趋消瘦，最终因极度衰竭而死亡。在患病部位与健康被毛交界处可以找到螨虫。

299. 绵羊脱毛症如何治疗？

（1）首先应消除病因，已发生脱毛部位用温水连续洗涤3～5次，以改善皮肤代谢，即可恢复正常。

（2）可给脱毛部分涂抹下列刺激剂，以增强其血液循环与改善代谢。

① 鱼石脂10克、酒精50毫升、蒸馏水100毫升作用溶液，每日早、晚各涂一次。

② 碘酊1毫升、樟脑油30毫升混合溶液，用作擦剂。

300. 怎样预防绵羊脱毛症？

（1）加强饲养管理，合理调整日粮，保证全价饲养，特别是对于高产动物。在不同的生理阶段应根据机体生理需要，及时、正确、合理地调整日粮结构。同时定期开展对动物营养的早期监测，了解各种营养物质代谢的变动，正确估价或预测畜体的营养需要，为进一步采取防治措施提供依据。

（2）定期补充矿物质微量元素：目前，在国内外对于预防缺营养性脱毛症主要采用将动物可食的矿物质元素压制成块或砖状让动物根据自身需要自由舔食的方法进行预防。另外投放矿物质缓释丸也是非常好的办法之一。

（3）增加运动，加大青绿饲料的喂给量。

（4）经常保持羊只皮肤清洁，经常进行梳刷。

（5）幼年羊适当补充碘元素。

301. 引起羊骨软症的原因是什么？

（1）饲料中长期缺乏钙磷或比例不当。

（2）母畜怀孕后期及泌乳期间，如不补充矿物质，则由于胎儿生长的需要，大量的钙由骨质内脱出而使骨质软化。

（3）维生素D不足，光照不足，缺乏运动及慢性消化不良等。

302. 羊骨软症临床表现有哪些？

（1）先天性佝偻病，羔羊生后衰弱无力，经数天仍不能自行起立。

（2）后天性佝偻病，发病缓慢，最初症状不太明显，只是食欲减退，腰部膨胀，下痢，生长缓慢。病羊行走不稳，病继续发展时，则前肢一侧或两侧发生跛行。病羊不愿起立和运动，长期躺卧，有时长期弯着腕关节站立。在发生变形以前，如果触摸和叩诊骨骼，可以发现有疼痛反应。在起立和运动时，心跳与呼吸加快。剖检可见长骨发生变形，但无显著眼观损害。

303. 羊骨软症如何防治?

发生该病后必须去除促使发病的所有不良条件，同时给以适当治疗并有效预防。

（1）改善饲养。关键在于保证日粮中钙和磷含量的平衡。应喂给大量优质干草（如豆科植物）、青草、青饲料、块根饲料及油饼等。给精料中加入骨粉或贝壳粉，每天5克。

（2）加强护理。将病羊放于宽敞、干燥而通风的羊舍，最好放牧于干燥的牧场，保证给以足够的日光照射和运动，促使其皮肤自己制造维生素D。

（3）药物治疗。补给富含维生素D的鱼肝油，每日5毫升。也可以注射维生素A、维生素D注射液，每次2毫升，2～3天一次。

（4）预防羊骨软症。主要是注意饲料搭配。特别是在怀孕和泌乳期间，注意满足钙磷的需要，适当补充贝壳粉和骨粉。

304. 羊中暑如何防治?

羊中暑是由于天气炎热，太阳光直射造成的。表现为采食反刍停止，低头，呼吸急促，鼻孔开张，全身肉颤、出汗，体温升高，达40℃以上。

【治疗】

（1）舌尖、耳尖、尾尖、颈脉处紧急放血。

（2）将病羊移置到阴凉通风处，冷水浇头。

（3）对兴奋不安的羊只，可静脉注射静松灵2毫升，或静脉注射25%硫酸镁50毫升。

（4）生理盐水500毫升，加10%樟脑磺胺钠10毫升，静脉注射。为预防酸中毒，可静注5%碳酸氢钠200毫升。

（5）藿香正气水20毫升，加凉水500毫升，灌服。

（6）西瓜2千克，加白糖100克，喂服。

【预防】

（1）饲槽、饮水处要搭有凉棚，羊舍要求通风良好。

（2）要经常给羊洗澡，不具备洗澡条件时，也要经常喷洒凉水，淋浴降温。

（3）放牧的羊群，要求早出晚归，中午返回的羊群要找通风、有树荫的地方休息，并保证有清洁的饮水。

（4）要及时驱散“扎窝子”的羊只，避免一些羊将自己的头钻到其他羊的肚子底下，致使更加受热，加重中暑。

（5）每天要保证有清洁凉水，让羊只自由饮用，如羊只出汗较多可适当加点盐。

305. 引起羊光敏症的原因有哪些？

羊光敏症是由于羊的皮肤含有光动力物质，使浅色皮肤对太阳的照射反应过强而造成皮肤损伤的一种疾病。引起本病的原因可分为原发性光敏症和继发性光敏症两种。

（1）原发性光敏症：来源于植物的金丝桃素、荞麦素，以及伞形科和芸香科植物等的光活性物质，可导致家畜与禽类的光敏症。三叶草、苜蓿、牛八苗及芸苔也与光敏症有关；某些煤焦油衍生物如酚噻嗪及磺胺类药物和四环素等也可诱发光敏症。

（2）继发性光敏症：它是目前羊的光敏症中最常见的类型，是由于肝胆的分泌功能受损，光敏物质叶红素（一种卟啉）蓄积于血浆中，而导致本病的发生。在正常情况下，叶红素被吸收进入血液循环，经肝有效地分泌到胆汁中。因多种原因所造成的肝功能衰竭或胆管受损（双腔吸虫病、多种致肝脏损伤的植物毒素以及磷、四氯化碳等）均可导致肝脏对叶红素的分泌功能障碍，增加血液循环中叶红素的含量，从而到达皮肤，吸收和释放光能，激发光损害反应。

306. 羊光敏症的表现有哪些?

患光敏症的羊在太阳光下，会产生惧光现象，表现辗转不停、不安，挠擦暴露的浅色皮肤区，如面部、耳朵、眼睑和鼻端，迅速出现红斑并很快水肿，如继续暴露于阳光下，可见血浆明显渗出，皮肤结痂坏死。患肝源性光敏症的羊，可见黏膜出现黄疸。

307. 羊光敏症如何防治?

（1）对光敏症继续发展的羊，应饲养在庇荫处，只能在晚上供食。

（2）早期注射肾上腺皮质激素或苯海拉明（每次40毫克）有效，体表喷洒1%高锰酸钾。

（3）为减少渗出，可使用2%～3%的明矾水冷敷患部皮肤和静注10%葡萄糖酸钙。

（4）如水疱已被细菌感染，可使用高锰酸钾液冲洗后，涂以氧化锌软膏或消炎软膏，并配合青、链霉素肌内注射。此外，还应防止蝇类袭扰。

308. 常见羊中毒病有哪些?

（1）硝酸盐和亚硝酸盐中毒。

（2）氢氰酸中毒。

（3）草酸盐中毒。

（4）食盐中毒。

（5）有机磷制剂中毒。

（6）尿素等含氮化肥中毒。

（7）霉菌毒素中毒（如黄曲霉菌、棕曲霉菌、黄绿霉菌、红色青霉菌等）。

（8）使用过量的驱虫药中毒（如敌百虫、伊维菌素、阿维菌素中毒等）。

（9）重金属中毒（如氟中毒、铜中毒、砷中毒等）。

（10）毒鼠药中毒和蛇咬中毒等。

309. 羊中毒时应采取哪些措施排除毒物？

（1）为了制止毒物继续被吸收，中毒的初期可用胃导管洗胃，可用温水 1 000 毫升加活性炭 50 ~ 100 克或 0.1% 高锰酸钾液 1 000 ~ 2 000毫升，反复洗胃，以排除胃内容物。

（2）为了迅速使胃肠道内有毒物质排出体外，应及时灌服泻剂，常用盐类泻剂，可根据羊只大小内服硫酸钠（芒硝）或硫酸镁（泻盐），剂量一般为 50 ~ 100 克。也可灌服牛奶、生鸡蛋各 500 克以上。

（3）大多数有毒物质常经肾脏排泄，所以利尿对排毒有一定效果，可使用强心剂、利尿剂，内服或静脉注射均可。

310. 羊中毒时应采取哪些对症治疗方法？

（1）全身疗法。为稀释毒物，促进毒物排出，可静脉注射 10% 葡萄糖溶液、生理盐水、复方氯化钠溶液等，剂量均为 500 ~ 1 000毫升。

（2）对症治疗。

① 为了增强肝、肾的解毒能力，可大量输液。

② 心力衰竭时可用强心剂，可肌内注射 0.1% 盐酸肾上腺素 2 ~ 3 毫升，或 10% 安钠咖 5 ~ 10 毫升。

③ 呼吸困难时可使用舒张支气管、兴奋呼吸中枢的药物。

④ 肺水肿时，可静脉注射 10% 氯化钙注射液 500 毫升；病羊兴奋不安时，可使用镇静剂，口服乌洛托品 5 克。

311. 针对毒物的性质，如何采取特效解毒方法？

羊中毒时，要确定有毒物质的性质，及时有针对性使用特效解毒药的方法进行解毒，以达到彻底治疗中毒病。

（1）酸类中毒：可用碱性药物，内服碳酸氢钠 10 ~ 15 克、石灰水 10 ~ 20 毫升等。

（2）碱类中毒常内服食用醋。

（3）亚硝酸盐中毒：可内服0.1%浓度的高锰酸钾200毫升，或肌内注射1%美蓝20毫升（1%的美蓝溶液按每千克体重0.1毫升），静脉注射。

（4）氰化物中毒：可静脉注射5%～10%硫代硫酸钠溶液50～100毫升，或硫代硫酸钠3～5克，加水内服；也可用1%的美蓝溶液按每千克体重1.0毫升，静脉注射。

（5）有机磷农药中毒：可用解磷定、氯磷定、双复磷解毒、阿托品等，可注射1%硫酸阿托品2～3毫升、解磷定肌内注射6毫升。

（6）尿素中毒：常用1%醋酸200～300毫升，或食醋250～500克灌服，若再加入食糖50～100克，加水灌服效果更好。

（7）氟及氟化物中毒：可静脉注射葡萄糖酸钙和维生素D等药物。

312. 羊中毒病怎么预防？

中毒的一般预防措施主要是铲除毒草；不要在有毒草地方放牧；防止羊吃高粱、玉米幼苗或吃大量烂白菜叶；严禁喂腐败、变质的饲料，加强饲草饲料的保管，防止霉变；施用农药或灭鼠药的地区应树立标志，并防止羊群进入；合理正确使用尿素添加剂，避免羊偷食尿素；临床、防疫用药时，剂量要准确，浓度要适当。

（1）对农药及剧毒物品必须严加保管。

（2）放牧前应先了解牧地是否有毒草，舍饲期间应考虑饲料种类，禁喂霉变饲料饲草。

313. 羊饮水过多易中毒，如何预防？

羊是复胃草食性动物，饮水进入胃后需要两三天的时间才能被完全吸收。如果饮水过勤，且羊每次都喝得很饱，大量的水分尤其是带有残羹剩饭的泔水长时间在羊胃36～37℃的环境中很容易发酵，并产生大量的酸性物质，从而腐蚀其胃黏膜，引发伤水性胃炎，最终影响羊的消化吸收，使其厌水、厌食，并日渐消瘦。

羊突然摄入超量的饮水，引起低张性血管内溶血，以血红蛋白尿为特征的一种代谢性中毒病，也称为羊阵发性血红蛋白尿。本病多发于夏季放牧的羊，尤以6个月龄以下的羊易发。

本病的轻症病羊，应限制其饮水，往往不需要治疗，可自行痊愈。对重症病羊，可用下列处方施行治疗。

【处方1】0.5%氯化钠溶液2~3毫升，饮服。

【处方2】10%氯化钠注射液150~300毫升，静脉注射。

一般来说，预防本病要在平常季节里，每天早晨或傍晚给羊群饮一次水即可，只有在夏季高温炎热天气时，需要给羊多饮一两次水。

314. 羊过食谷物中毒的原因有哪些?

（1）羊突然食入过多的谷物（大麦、小麦、莜麦、稞麦、玉米、稻子、大米等）或其他富含碳水化合物饲料（如甜菜、饲料甜菜、甘蓝、马铃薯等），在瘤胃中迅速积聚大量乳酸而引起急性消化紊乱，酸中毒和脱水为主要特征的疾病，可发生于各品种和性别的羊。

（2）平时进行放牧或粗饲的羊，突然改用上述饲料饲养，更易蹲病。

（3）为了快速肥育，将3~5月龄的羔羊进行围栏育肥，由放牧突然改为谷物饲养。

（4）在刚收割的麦地放牧羊群，在放牧中拣食丢落在地里的麦穗过多。

（5）精料保管不好，被羊偷吃。

（6）母羊缺奶，被迫过早给羔羊饲喂谷物等。

315. 羊过食谷物中毒的主要表现是什么?

过食谷物中毒病羊表现精神沉郁，喜卧，结膜微红，口腔干燥，食欲及瘤胃蠕动废绝，反刍停止，轻度臌胀。但触诊瘤胃空虚，内容多为液体。皮肤弹性减低，眼球下陷。尿少或无尿。体温轻度升高或正常，脉搏和呼吸加快，拱腰、呻吟和不愿走动。继发蹄炎者出现跛行。脱水严重者如不及时急救，可很快死亡。轻症病羊，可能耐过，但病期延长者亦多死亡。

316. 如何治疗羊过食谷物中毒?

（1）采用石灰水瘤胃冲洗法效果良好。用石灰水冲洗比用碳酸氢钠溶液冲洗较安全，因为石灰水与瘤胃内乳酸作用生成不溶性的乳酸钙，可经肠道排出，不易被吸收，即使用量大一些，也是较安全的，碳酸氢钠与乳酸化合生成乳酸钠，可被吸收，用量过大，易导致碱中毒。

先用开口器将羊口张开，将小胃管经口插入瘤胃内，排出液体内容物，然后用石灰水（生石灰 500 克，加水 2 500毫升，充分搅拌，澄清后取其上清液）1 000 ~ 2 000毫升，反复冲洗，直至瘤胃液呈碱性为止，最后再灌入石灰水 500 ~ 1 000毫升。

（2）及时补液以治疗脱水，这是十分重要的。对严重脱水的病羊，应先行输液，然后再洗胃。可用葡萄糖生理盐水 1 000毫升、5% 碳酸氢钠溶液 200 毫升、樟脑 10 毫升混合，一次静脉输液，连用 3 天，必要时 1 天 2 次。

317. 如何预防羊过食谷物中毒?

（1）对平时放牧或粗饲的羊，不要突然饲喂大量的谷类或富含碳水化合物的饲料。对已适应粗饲的羔羊，在进行围栏育肥时，日粮中的精料应逐渐由低比例向高比例过渡，此过程不应少于 7 ~ 10 天。

（2）不要在刚收割后的麦地放牧时间过久，以防羊拣食丢落的麦穗过多。

（3）保管好精料，防止被羊大量偷吃。

（4）一旦发现羊食入过量的谷物或富含碳水化合物的饲料时，可向瘤胃内注射青霉素 50 万 ~ 100 万单位，以抑制产酸菌的迅速繁殖。

318. 羊亚硝酸盐中毒是怎么回事？

羊亚硝酸盐中毒是羊采食了大量富含硝酸盐的青绿饲料，饲料中的硝酸盐在硝化细菌的作用下，转化为亚硝酸盐而发生中毒。在自然条件下，各种鲜嫩青草、作物秧苗均富含硝酸盐。如将青饲料堆放过久，特别是经雨淋或暴晒极易发热，从而给硝化细菌提供了适宜的生长环境（适宜的生长温度为20～40℃），使饲料中的硝酸盐转化为亚硝酸盐。另外，亚硝酸盐是羊瘤胃中硝酸盐还原成氨的中间产物，如果羊采食了大量含硝酸盐的青饲料，即使是新鲜的，也可发生亚硝酸盐中毒。

319. 羊亚硝酸盐中毒的表现是什么？

羊亚硝酸盐中毒一般在采食后5～6小时发病，有的甚至延迟1周左右。表现呼吸极度困难，肌肉震颤，步态不稳，倒地后全身痉挛，初期黏膜苍白，站立不稳或呆立不动，后期黏膜发绀，皮肤青紫，体温正常或偏低。慢性亚硝酸盐中毒表现流产，分娩无力，虚弱，受胎率低，腹泻，抗病力降低，维生素A缺乏，甲状腺肿大，前胃弛缓。

剖检可见血液呈酱油色、不凝固，在空气中长时间暴露也难转变成红色。肺充血、出血、水肿，气管和支气管内充满白色泡沫。肾脏瘀血。早期解剖可见胃肠明显臌气，内容物有硝酸样气味，胃肠黏膜充血、出血，胃黏膜易脱落；心外膜、心肌呈点状出血。

320. 羊亚硝酸盐中毒如何防治？

【治疗】

（1）特效疗法。

①用特效解毒剂：1%美蓝液（美蓝1克，纯酒精10毫升，生理盐水90毫升），每千克体重0.1～0.2毫升，10%葡萄糖250毫升，一次静脉注射。

② 5%甲苯胺蓝液，每千克体重0.1～0.2毫升，静脉注射或肌内注射；同时应用5%维生素C液60～80毫升，静脉注射。同时静脉注射50%葡萄糖液300～500毫升。

③ 向瘤胃内投入抗生素和大量饮水，阻止微生物对硝酸盐的还原作用。

（2）对症治疗：可用泻剂，加速消化道内容物的排出，以减少对亚硝酸盐及其他毒物的吸收，并补氧、强心及解除呼吸困难。

① 双氧水10～20毫升、生理盐水30～60毫升混合静脉注射。

② 10%葡萄糖250毫升，维生素C注射液0.4克，25%尼可刹米3毫升静脉注射。

③ 0.2%高锰酸钾溶液洗胃，耳静脉放血。

【预防】

（1）改善青绿饲料的堆放和蒸煮过程，避免青饲料长时间堆放。

（2）接近收割的青绿饲料不能施用硝酸盐类化肥和农药。

（3）对可疑饲料、饮水进行化验。

321. 羊霉玉米中毒的表现有哪些？

羊霉玉米中毒表现精神兴奋，肌肉震颤，乱走乱撞，视物不清，跨越饲槽，走路蹒跚无力，左摇右摆，后躯无力显醉酒状。口唇麻痹，流涎，失明，倒地后，四肢乱划，呈游泳状，挣扎站起。发病时间集中，且发病的羊全部是个体大，膘肥体壮的。有时还会引起怀孕母羊流产或早产。

322. 羊霉玉米中毒如何防治？

【治疗】

（1）对出现临床症状。

① 第1天用10%葡萄糖500毫升、50%葡萄糖200毫升、复方氯化钠500毫升、40%乌洛托品10毫升、20%安钠咖8毫升、10%维生素C注射液10毫升，静脉滴注2次。

② 第2天用10%葡萄糖500毫升、50%葡萄糖200毫升、复方氯化钠500毫升、10%维生素C注射液10毫升，每日静脉滴注2次，连用2日。

（2）对无症状的其他羊只。用50%葡萄糖200毫升，5%葡萄糖500毫升。

【预防】

（1）采购新鲜合格的饲料，修建合格的仓储设施，定期通风，保持仓库干燥，定期进入烘晒，加入适量防霉剂，不喂霉变的可疑饲料。

（2）羊的日粮中定期添加脱霉剂。

323. 羊尿素中毒是怎么回事？

羊尿素中毒是由于饲料尿素添加剂量过大，浓度过高，或其他饲料混合不匀，或食后立即饮水引起的。当瘤胃内容物中尿素含量达到8～12毫克，可引起中毒。这是由于尿素分解产生大量氨，被血液吸收，引起血液酸碱平衡失调所致。

324. 羊尿素中毒的表现有哪些？

羊尿素喂量过大，可于食后半小时至1小时发生中毒。开始时表现不安，流涎，发抖，呻吟，磨牙，步态不稳。继则反复发作痉挛，同时呼吸困难。急性者反复发作强直性痉挛，眼球颤动，呼吸困难，鼻翼扇动，心音增强，脉搏快而弱，出汗，体温不匀。口吐泡沫，有时呕吐，瘤胃臌胀，腹痛，瞳孔散大，最后窒息而死。

剖检可见消化道黏膜充血、出血、糜烂及溃疡，胃肠内容物为白色或褐红色，有氨味，心外膜出血，内脏严重出血，肾脏及鼻黏膜发炎且有出血。

325. 如何防治羊尿素中毒？

【治疗】羊尿素中毒的治疗宜解毒排毒。

（1）1%醋酸200～300毫升或食醋250～500克，食糖50～

100 克，加水一次灌服。

（2）10%硫代硫酸钠溶液 3～5 克，溶于 100 毫升 5%葡萄糖生理盐水内，静脉注射。

（3）10%葡萄糖酸钙注射液 50～100 毫升，10%葡萄糖注射液 500 毫升，一次静脉注射。

可适当配合镇静、制酵药。

（4）葛根粉 250 克，用水冲服。

【预防】

（1）避免羊偷食或误食尿素化肥。

（2）合理正确使用尿素添加剂，添加饲喂尿素时，在补饲日粮中增喂适量的骨粉、硫酸钾或硫酸钠。即补充硫和磷元素。

326. 羊阿维菌素中毒后的表现是什么？

阿维菌素是一种驱虫药物，用于驱杀猪、牛、羊体内的线虫和体表寄生虫，临床应用疗效好，但如果使用过量，也会产生一些毒副作用。

中毒后的羊主要表现为行走不稳，流涎，严重时卧地不起，全身肌肉震颤，倒地后四肢呈游泳状划动。心率加快，心音亢进，甚至头向后仰，颈和四肢痉挛。舌麻痹，伸出口外，呼吸加快。

327. 羊阿维菌素中毒后如何解救？

（1）用 10%的葡萄糖注射液 200～400 毫升，维生素 C 5 毫升，葡萄糖酸钙 100 毫升，静脉注射。

（2）用强力解毒敏 2 毫升肌内注射，或肌注阿托品 2～4 毫克，每天 3 次，直至症状缓解。

328. 羊误食鼠药中毒怎么办？

目前鼠药成分主要有氟乙酰胺和溴敌隆。鼠药中毒后表现，病羊精神沉郁，不食，空口咀嚼，口吐白沫，烦躁不安。口唇周围和肩、肘、臂部的肌肉颤抖，呼吸迫促，心跳加快，四肢痉挛抽搐，可视黏膜发绀，胀肚，角弓反张，口鼻出血，体温偏低，最后衰竭死亡。羊误食鼠药中毒后治疗时要分清哪种成分的鼠药引起中毒，要针对性进行治疗。

【氟乙酰胺中毒治疗】

（1）10%解氟灵（又称妙手注射液）1.5 毫克/千克体重，肌内注射。

（2）10%葡萄糖 500 毫升，维生素 C 注射液 2 克，维生素 B_1 注射液 250 毫克，葡萄糖酸钙 250 毫克，一次静脉注射。

（3）0.5%樟脑 10 毫升，肌内注射。

（4）硫酸钠 100 克，大黄苏打片 100 片研磨，与硫酸钠混合，加水 2 500毫升，一次内服。连用 3 天。

【溴敌隆中毒】

（1）及时注射苯巴比妥钠和维生素 K 制剂，疗效较好。苯巴比妥钠成年羊每次用量 1 克，间隔 2～4 小时重注射一次，并视病情相应增减。同时注射维生素 K 40 毫克。

（2）配合静脉注射 10%的葡萄糖 500 毫升、维生素 C 注射液 2 克。而使用强心剂却往往导致该病的发作。因此，禁用樟脑磺酸钠、安钠咖制剂。

329. 引起羊尿道结石的原因有哪些?

羊尿道结石又称尿石病，尿结石是尿中盐类在肾盂、膀胱、输尿管及尿道等处形成的凝结物。临床上以腹痛，排尿障碍和血尿为特征。本病多发生于成年羊，尤其是种公羊，无季节性。公羊因其尿道细长，又有“S”形弯曲及尿道突，故易发生阻塞。本病在母羊较少发生。

羊尿石的成因不十分清楚，但普遍认为是伴有泌尿器官病理状态下的全身性矿物质代谢紊乱的结果，并与下列因素有关。

（1）经有关部门检测，放牧地区水中钙盐、镁盐含量高，属硬质水。羊的饲养多以放牧为主，归牧后长期饲喂含过量矿物质的饲料或饮水。

（2）高钙、低磷和富硅、富磷的饲料：长期饲喂高钙低磷的饲料和饮水，可促进尿石形成。长期饲喂豆饼，极易形成磷酸盐尿结石。单独饲喂富于磷酸盐的饲料，如玉米、麸皮等精料，麸皮中富含磷，造成钙磷比例失调，再加上放牧后饮水量多。尿长时间滞留膀胱，导致该病发生。

（3）饲喂霉变、有毒饲料、化学药物也会导致泌尿系统发生障碍，引发该病。另外，过早配种、频频配种，都会影响机体发育，导致钙磷比例失调，诱发该病。

（4）大量饲喂萝卜、马铃薯、甜菜等饲料，以及长期饲喂品质不良的干草等，均易引起尿结石。

（5）饮水缺乏：尿石的形成与机体脱水、饮水中含镁等盐类较多有关。因此，饮水不足，造成尿液浓缩，导致结晶浓度过高而发生结石。如天气炎热，机体出现不同程度的脱水，若饮水不足，使尿中盐类浓度增高，促使尿石的形成。

（6）饲料中缺乏维生素A：特别是长期饲喂未经加工的棉籽饼，导致结石的形成。另外，维生素A缺乏可导致尿路上皮组织角化，促进尿石形成。

（7）感染因素：肾和尿路感染发炎（如肾炎、膀胱炎、尿道炎等）时，引起尿潴留或尿闭，溶解于尿液中的草酸盐、碳酸盐、尿酸盐、磷酸盐等，在凝结物周围沉积形成大小不等的结石。使尿中炎性产物、脱落的上皮细胞及细菌积聚，可成为尿石形成的核心物质。结石的核心可能发现上皮细胞、尿圆柱、凝血块、脓汁等有机物。

（8）其他因素：甲状旁腺机能亢进，长期周期性尿液潴留，大量应用磺胺类药物等均可促进尿石的形成。

330. 羊尿道结石的表现是什么？

（1）尿结石形成于肾和膀胱，但阻塞常发生于尿道，膀胱结石在不影响排尿时，不显示症状，尿道结石多发生在公羊龟头部和“S”状曲部。如果结石不完全阻塞尿道，则可见排尿时间延长，尿频，尿量减少，呈断续或滴状流出，有时有尿排出；如果结石完全阻塞，尿道则仅见排尿动作而不见尿液的排出，出现腹痛。

（2）病羊初期有腹痛感，出现厌食，尿频，排尿成线状和滴状，后肢屈曲叉开，拱背卷腹，排血尿，频频举尾，尿道外触诊疼痛，个别病羊偶尔出现尿闭，包皮水肿。后期体温升高，瘤胃弛缓、肿胀，回头顾腹，两后腿叉开且僵直，尿中有炎性渗出物，部分公羊在结石形成初期症状不明显，随着结石不断增大会出现临床症状。

（3）如果结石在龟头部阻塞，可在局部摸到硬结物。膀胱高度膨大、紧张，尿液充盈，若不及时治疗，闭尿时间过长，则可导致膀胱破裂或引起尿毒症而死亡。

（4）病程及预后：严重的肾结石或继发尿毒症或膀胱破裂，预后不良；尿路结石，消除积石，适宜治疗，预后良好。

（5）病理剖检可见肾盂、输尿管、膀胱或尿道内发现结石，其大小不一，数量不等，有时附着黏膜上。阻塞部黏膜见有损伤、炎症、出血乃至溃疡。当尿道破裂时，其周围组织出血和坏死，并且皮下组织被尿液浸润。在膀胱破裂的病例中，腹腔充满尿液。

331. 羊尿道结石如何诊断？

羊尿道结石的诊断要通过临床表现、病理变化、实验室检查以及饲料使用情况进行综合判断做出确诊。

（1）临床诊断时，要观察临床症状，出现尿频、无尿、腹痛等现象。

（2）直肠触诊。非完全阻塞性尿结石可能与肾盂肾炎或膀胱炎相混淆，只有通过直肠触诊进行鉴别。

（3）尿道探诊。不仅可以确定是否有结石，还可判明尿石部位。

（4）根据病理剖检变化进行诊断。

（5）实验室诊断。取尿液做显微镜检查，可见有脓细胞，肾上皮组织或血液。

（6）调查饲料构成成分。

332. 如何治疗羊尿道结石？

本病的治疗原则是消除结石，控制感染，对症治疗。常用下列方法和药物。

（1）药物治疗。

① 西药治疗：对于发现及时、症状较轻的，饲喂大量饮水和液体饲料，同时投服利尿药及消炎药物（青霉素、链霉素、乌洛托品等）。此法治疗简单，对于轻症羊只可以使用。对草酸盐尿石的病畜，应用硫酸阿托品或硫酸镁内服。有时膀胱穿刺也可作为药物治疗的辅助疗法。

② 中医药治疗：中医称尿路结石为“砂石淋”。根据清热利湿，通淋排石，病久者肾虚并兼顾扶正的原则，一般多用排石汤（石苇汤）加减：海金沙、鸡内金、石苇、海浮石、滑石、瞿麦、扁蓄、车前子、泽泻、生白术等。也可用排石颗粒冲剂。

（2）冲洗：导尿管消毒，涂擦润滑剂，缓慢插入尿道或膀胱，注入消毒液体，反复冲洗。适用于粉末状或沙粒状尿石。对有磷酸盐尿结石的羊只，应用稀盐酸进行冲洗治疗，获得良好的治疗效果。

（3）尿道肌肉松弛剂：当尿结石严重时可使用2.5%的氯丙嗪溶液，肌内注射，羊2～4毫升。

（4）手术治疗：对于药物治疗效果不明显或完全阻塞膀胱或尿道的羊只，可实施手术切开，将尿石取出。首先要限制饮水，然后对膨大的膀胱进行穿刺，排出尿液，同时肌内注射阿托品3～6毫克，使尿道肌松弛，减轻疼痛。最后在相应的结石位置采用手术疗法，切开尿道取出结石。术后病羊易出现颈部、腰部、四肢僵直，呼吸困难，呈尿毒症症状。因此每天除静注糖盐水外，还应加注乳酸钠或碳酸氢钠、维生素C等药，以缓解尿毒症症状。

（5）术后护理：术后的护理是病羊能否康复的关键，要饲喂液体饲料，术后注射利尿药及抗菌消炎药物，以促进排尿，防止继发感染。

333. 怎样预防羊尿道结石?

（1）地区性尿结石。应查清羊只的饲料、饮水和尿石成分，找出尿石形成的原因，合理调配饲料。在平时的饲养当中，不能长期饲喂高蛋白、高热能、高钙的精饲料及块根类、颗粒饲料，多喂富含维生素A的饲料。在羔羊的日粮中加入4%的氯化钠对尿石的发病有一定预防作用。

（2）调节钙、磷比例。饲料中的钙磷比例保持在1.5：1或者2：1的水平，镁的含量少于0.2%，这可降低磷和镁在肠道的吸收，从而更多的磷、镁随粪排出，而不是随尿排出体外。饲喂以谷物为主的饲料时，要适量添加钙。为了预防钙结石的生成，公羊应主要喂给禾本科干草，同时，不能喂给大量的谷物、麸皮、甜菜块根。多使用长茎饲草可以增加唾液的分泌，使更多的磷随粪排出体外。

（3）增加饮水量。预防羊尿道结石的最重要手段是增加其饮水量。新鲜、干净的水会增加羊的饮水欲，从而增加饮水量；夏季使用凉水和冬季使用温水也能增加饮水量；多设饮水点并经常更换饮水也能增加饮水量；增加盐的喂量可促使饮水量的增加，从而达到稀释尿液的作用，减少对泌尿器官的刺激，并保持尿中胶体与晶体的平衡；建议盐的用量为日采食干物质量的3%～5%或日粮的4%，直接混合到饲料中即可，但不应加入水中，以免影响口感。

（4）调整尿的pH值。羊尿通常pH值偏高，偏碱性。不利于磷酸钙和碳酸钙结石的溶解，因而使用酸化剂对防止结石的发生是有益的。

①氯化铵，其添加量为干物质的1%或总饲粮的0.5%。也可采用每千克体重40毫克用量。对于体重30千克的羔羊可每只每天给予7～10克。可以添加食糖来促使羊饮水或掩盖氯化铵气味，但不能使用糖蜜，糖蜜含钾量高，会降低氯化铵的效果。注意氯化铵不宜长期饲喂。

② 磁化饮水。羊只饮水通过磁化后，pH 值升高，溶解能力增强，不仅能预防尿石的形成，而且能使尿石疏松破碎而排出。水磁化后放入水槽中，经过 1 小时，让病羊自由饮水。

（5）及时对泌尿器官疾病（尿道、膀胱、肾脏炎症）进行治疗，防止尿液滞留。对于无治疗价值的羊只，及早进行淘汰处理。

（6）科学管理、增加运动、多晒太阳。

（7）尽量避免在羔羊 3 月龄前进行阉割。

334. 夏季绵羊剪毛病是怎么回事？

绵羊剪毛病一般是羊只剪毛前采食过饱，是致发该病的主要原因。为此，剪毛前必须禁食 12 ~24 小时，更不能在禁食期间空腹饮水。天气突然变冷或较冷的雨天不要剪毛。对品质优良的种羊必须选择温暖晴朗的天气剪毛。另外，剪毛时必须对羊只按常规的保定方法进行保定。

临床表现：病羊初期表现为心跳、呼吸加快，体温升至 40 ~41.5℃，卧立不安，有的拉黑色稀便，粪内混有大量紫红色或少量鲜红色血液。发病后期精神极度沉郁，口吐白沫或流涎，体温降至正常以下，结膜苍白，眼球下陷，两耳冰凉，很快痉挛而死。从发病到死亡大多在 1 小时内。

335. 如何治疗夏季绵羊剪毛病？

该病发现越早，治愈率越高。治疗的原则是镇痛、镇痉、镇静、强心利尿、解热、解毒、保肝、消炎抑菌。

可用 30% 安乃近 10 毫升，维生素 C 注射液 400 毫克，青霉素 160 万 ~320 万单位，混合一次静脉注射。

336. 羊意外创伤如何治疗？

常见羊意外创伤有一般创伤、化脓性感染创和肉芽创。

【一般创伤】羊发生一般创伤后应及时止血、清创、消毒、缝合、包扎，以防化脓。

(1) 创伤止血：用压迫法或注射止血药来制止出血，以免失血过多。如伤口出血不止，可施行压迫、钳夹或结扎止血。还可应用止血剂，如外用止血粉撒布创面，必要时可应用安络血（肌内注射2～4毫克，1日2～3次）、维生素K_3（肌内注射30～50毫克，1日2～3次）等全身止血剂。

(2) 清洁创围：先用灭菌纱布将创口盖住，剪除周围被毛，用0.1%新洁尔灭溶液或生理盐水将创围洗净，然后用5%～10%碘酊进行创围消毒。

(3) 清理创腔：除去覆盖物，用镊子仔细除去创内异物、血块及挫灭组织，反复用生理盐水或呋喃西林、高锰酸钾等反复冲洗创腔，直到冲洗干净为止，然后用灭菌纱布轻轻地吸蘸创内残存的药液和污物，再于创面涂布碘酊。

(4) 消毒：不能缝合且较严重的外伤，应撒布适量青霉素、链霉素、四环素等抗微生物药品，防止感染。

(5) 缝合与包扎：创面比较整齐，外科处理比较彻底时，可行密闭缝合；有感染危险时，行部分缝合；创口裂开过宽，可缝合两端；组织损伤严重或不便缝合时，可行开放疗法。四肢下部的创伤，一般应行包扎。若组织损伤或污染严重时，应及时注射破伤风类毒素、抗生素。

【化脓性感染创】治疗主要是清洁创围。

(1) 用0.1%高锰酸钾液、3%双氧水或0.1%新洁尔灭溶液等冲洗创腔。

(2) 扩大创口，开张创缘，除去深部异物，切除坏死组织，排出脓汁。

(3) 最后用10%磺胺乳剂或碘仿甘油等行创面涂布或纱布条引流。

(4) 有全身症状时，可用抗菌消炎药物，并注意强心解毒。

(5) 如为脓肿，病初可用温热疗法（如热敷），或涂布用醋调制的复方醋酸铅散（安得利斯），同时用抗生素或磺胺类药物进行全身性治疗。如果上述方法不能使炎症消散，可用具有弱刺激性的软膏涂布患部，如鱼石脂软膏等，以促进脓肿成熟。出现波动感时，即表明脓肿已成熟，这时应及时切开，彻底排除脓汁，再用3%双氧水或0.1%高锰酸钾水冲洗干净，涂布磺胺乳剂或碘仿甘油，或视情况用纱布条引流，以加速坏死组织的净化。

【肉芽创】治疗时首先是清理创围，然后清洁创面（用生理盐水轻轻清洗），最后再局部用药（应用刺激性小、能促进肉芽组织和上皮生长的药，如3%龙胆紫等）。如肉芽组织赘生，可用硫酸铜腐蚀。

337. 羊放牧中常见病急救法有哪些？

（1）急性瘤胃胀气：由于早春青草过嫩、吃青过量或吃露水草、霜草、雪草、冰草等，吃后急性发酵，产生大量气体伴发反刍和嗳气，使瘤胃迅速扩张。

措施：先寻找一根木棒含在口内，压在舌头上，两端用绳（鞭绳或裤腰带）绑在左右两耳根上，再赶着牲畜做上坡运动，让畜张口排气，同时在腰部进行按摩，可减轻或解除胀气，争取回家治疗的时间。

（2）误食毒草毒物：中毒表现口吐白沫，行走不安，口、鼻发紫，呼吸急促。这时可先用刀刺破耳缘流血，也可从口腔内含根木棍，借唾液排出毒液，减轻中毒症状。

（3）中暑（日射病）：如发现中暑时，立即赶到通风阴凉处，用浸凉水的布片贴在头额部，减轻脑的血压。严重时，可将耳缘刺破见血或静脉放血，一般羊放血100～150毫升。

（4）在山区放牧可能被毒蛇咬伤：确认毒蛇咬伤后，先找准咬伤部位，用绳将上部扎住，阻止毒液扩散，或扩大创面，采取挤压的方法排出毒液，争取快速回圈治疗。

（5）烧伤：轻度烧伤，可回圈治疗；重度烧伤，保护创面不要破裂和再感染。

（6）流产和子宫脱出：发现流产（早产），立即就地施行接产，保护母子安全。胎儿如未娩出母体时，可顺势助产。胎儿娩出后，脐带留5厘米后断脐，放在母体身边。胎衣尚未娩出时，将胎衣上系上重物，防止收缩到腹腔内，排出困难。待胎衣全部排出后，护理母子回家。如遇有子宫脱出，认为无法整复时，务必保护好子宫体脱出的外部。

（7）过敏反应：个别羊在采食时，误食或接触某些异物和异味时，产生过敏反应，羊表现反常：喷嚏、眼脸肿胀、精神失常、走步蹒跚，有时转圈行走或发出嘶嘶叫声。此时应立即将羊赶离现场，离开过敏区。

（8）骨折：放牧时经常有发生骨折的情况，一般四肢容易发生。当认定是四肢骨折时，先视其是否是优良种畜，否则应采取屠宰处理，因为四肢骨折，治疗效果不好，一般无饲养价值。如果是脱臼，找准部位，按正常方位，用力推、拉、压的整复法，一次整复还原，即可手到病除。

338. 羊放牧时误食塑料薄膜怎么办？

（1）排除瘤胃内容物。用植物油250～300毫升或液体石蜡500～1 000毫升，一次灌服；也可用硫酸钠或硫酸镁150～200克溶于1 000毫升温水中一次灌服。

（2）促进瘤胃蠕动。可用番木鳖酊5～10毫升、龙胆酊10～15毫升、95%酒精20毫升，加水500～800毫升一次灌服；也可用3%毛果芸香碱24毫升或0.05%新斯的明5～10毫升一次皮下注射，待4小时后重复注射1次，以便尽快排出异物。

（3）制止胃肠内容物异常腐败。可用鱼石脂10克，溶于100～150毫升20%酒精中，加适量水一次灌服。

（4）改善消化机能。可用碳酸氢钠10～15克、酵母粉20～25克，加适量水一次灌服。

339. 羊蛔虫病如何治疗？

感染羊蛔虫病的病羊以间隔性拉稀为主要症状，羊只消瘦，精神不振，有时还兼有咳嗽及便秘等；初期粪便中未见有蛔虫拉出，后期粪便中陆续带有蛔虫。若不及时治疗，严重的会发生虚脱而死亡。

（1）阿苯达唑：20 毫克/千克体重，一次口服。

（2）左旋咪唑：8 毫克/千克体重，一次口服。

（3）对症治疗：症状严重的注射复合维生素 B 500 ~ 1 000 毫克，安胆汁注射液（有效成分为苯甲酸和动物胆汁）10 毫升，硫酸庆大霉素注射液 10 毫升，地塞米松注射液 4 ~ 5 毫升，5% 碳酸氢钠注射液 100 ~ 250 毫升，5% 葡萄糖氯化钠注射液 300 ~ 500 毫升，静脉注射。

340. 羊蛔虫病怎样预防?

（1）定期驱虫：1 月龄、2 月龄和 5 月龄时各驱虫 1 次，每千克体重喂服 5 ~ 10 毫克左旋咪唑。同时，对圈舍场地每 15 天用 2% 精制敌百虫溶液喷洒 1 次。

（2）无害化处理粪便：及时清除羊圈内外的粪便和尿液。清除出的粪便应堆积发酵，彻底杀灭虫卵。

（3）避免感染：从外地购回的羊只需进行一段时间的隔离观察，待粪便检查无虫卵时方可放入健康牛群中。

341. 羊食道口线虫病是怎么回事?

羊食道口线虫病是由食道口线虫引起的，其幼虫常寄生在大肠肠壁上，形成大小不等的结节，故称为“结节虫”。

羊食道口线虫雌虫在羊肠道内产卵，卵随粪便排出体外，在适宜的条件下孵出幼虫，幼虫经 20 天的发育变成有感染性的幼虫。这些感染性的幼虫爬在草叶上，当羊吃草时吞食了幼虫而被感染。当幼虫钻入肠壁形成结节时，使羊肠道变窄，肠道发炎或溃疡，引起羊的腹泻，有时粪中混有血液或黏液。而且厌食，消瘦，贫血，逐渐衰弱死亡。

当食道口线虫幼虫从结节中回到肠道后，上述症状将逐渐消失，但常表现间歇性下痢。肠黏膜充血、水肿，结肠壁上散在着形状不规则的结节，大小为2～10毫米，内含浅绿色脓样物，有时内容物为灰褐色，或者完全钙化而变得很硬。在结节内常可找到幼虫。

342. 羊食道口线虫病如何防治?

【治疗】

用1%福尔马林溶液灌肠，每只羊用量为1 000～1 500毫升，疗效很高，灌肠时应将羊的后腿垂直提起，把橡皮管插入直肠深部，然后灌入药液。

【预防】

（1）每年春秋两季，用敌百虫或驱虫净进行预防驱虫。

① 敌百虫治疗。每千克体重50～60毫克，配成水溶液，一次灌服。

② 驱虫净治疗。每千克体重10～20毫克，一次口服，或配成5%的水溶液肌注，每千克体重10～20毫克。

（2）加强饲养管理，粪便勤清扫并采取堆积发酵等生物热杀虫处理。

343. 羊鞭虫病是怎么回事?

羊鞭虫病又名牛羊毛首线虫病。羊鞭虫寄生于羊的盲肠，偶在结肠。由于虫体前部呈毛发状，故称为“毛首线虫”，又因整个虫体外形极似放羊鞭，故又称“鞭虫”。

羊鞭虫虫卵随粪便排到外界，发育为感染性虫卵，经口感染宿主，幼虫在小肠后部孵出，钻入肠绒毛间发育。第八天后，移行到盲肠和结肠内，固着于肠黏膜上发育为成虫。成虫寿命为4～5个月。

本病严重时，临床可出现下痢、贫血、消瘦、粪中常带黏液和血液、食欲不振、发育障碍等症状。

344. 羊鞭虫病如何防治?

防治羊鞭虫病，必须加强饲养管理，搞好环境卫生，定期驱虫。可用以下药物进行驱虫。

（1）酚嘧啶（羟嘧啶）：为驱除毛首线虫的特效药，剂量为每千克体重2～4毫克口服。

（2）敌百虫：山羊剂量每千克体重50～70毫克，绵羊剂量每千克体重80毫克，一次口服。

（3）左旋咪唑：每千克体重5～10毫克，一次口服。

（4）伊维菌素：每千克体重5毫克，一次皮下注射。

（5）苯硫咪唑：每千克体重5～10毫克，一次口服。

345. 羊细颈囊尾蚴病是怎么回事?

羊细颈囊尾蚴病（俗称水铃铛）是由泡状带绦虫的中绦期——细颈囊尾蚴所引起的羊的一种寄生虫病，主要侵害绵羊，以2～12月龄的羊感染率最高。成年羊除个别感染特别严重外，一般均无明显症状。羔羊常表现为虚弱、消瘦、黄疸；如有急性腹膜炎时，体温升高并有腹水，约2周后可转变成慢性病程。病变主要在肝脏和腹腔浆膜上。急性病例，肝脏肿大，质地稍软，被膜粗糙，被覆多量灰白色纤维素性渗出物，并可见散在的出血点。在肝被膜下和实质里，可见直径1～2毫米的弯曲索状病灶，初呈暗红色，后期转为黄褐色。

346. 羊细颈囊尾蚴病如何治疗?

（1）吡喹酮以每千克体重50毫克内服，可杀死细颈囊尾蚴。

（2）用液体石蜡配成10%的溶液，分2次间隔1天肌内注射有良效。

347. 怎样预防羊细颈囊尾蚴病?

（1）由于传播病原的是犬、狼、狐狸等肉食动物，尤其是狗，因此，应禁止将屠宰羊的废弃物随地抛弃，或未经煮熟喂狗，并对狗定期进行驱虫，可有效阻止该病的流行。犬进行定期检查和驱虫，可选用以下几种药物。

① 氢溴酸槟榔碱：犬按 1 毫克/千克体重，停食 12 ~ 13 小时，以肠衣片经口给药。

② 盐酸丁奈脒：按 25 ~ 50 毫克/千克体重，停食 3 ~ 4 小时，口服，用前不得将药捣碎或溶于水，否则会引起中毒。

③ 硫酸双氯酚：按 200 毫克/千克体重，一次口服。

④ 丙硫咪唑：按 400 毫克/千克体重，一次口服。

（2）中间宿主（牛羊猪等）的家畜屠宰后，应加强肉品卫生检验，检出细颈囊尾蚴及其寄生的内脏需进行无害化处理，不得随意丢弃或喂犬。防止犬吞食细颈囊尾蚴，严禁其进入屠宰场，更不能将病畜内脏喂犬。

（3）灭蝇：蝇在传播虫卵中起着重要作用，应采取可行方法灭蝇。

348. 羊脑包虫病是怎么回事?

羊脑包虫是有多头带绦虫寄生于羊脑或脊髓的疾病。本病分布较广，2 岁前的羊多发，虫卵对外界的抵抗力很强但在烈日下很快死亡。

发病羊只精神沉郁、食欲不振、逐渐消瘦、眼结膜苍白。后期常出现转圈或头抵墙等精神症状，严重者倒地不起、颈部肌肉痉挛。

349. 如何防治羊脑包虫病?

（1）对牧羊犬定期驱虫。

（2）药物治疗。首选吡喹酮、丙硫苯咪唑。

（3）定期对羊圈杀虫灭蝇等综合措施。

350. 羊双腔吸虫病是怎么回事?

羊双腔吸虫病是矛形双腔吸虫和中华双腔吸虫寄生于羊肝脏和胆囊内引起的以黏膜黄染、消化紊乱、水肿等为特征的寄生虫病。羊的感染率可高达70% ~80%。有明显的季节性，一般夏、秋季多发。由于虫体的机械刺激和毒素作用而引起胆管炎和胆管壁增生肥厚。胆管出现卡他性炎症，管壁增生、肥厚，胆汁暗褐色，胆管周围结缔组织增生，胆管和胆囊内有大量棕红色狭长虫体。寄生数量较多时，可使肝脏发生硬变、肿大，肝表面形成瘢痕，胆管呈索状。

351. 羊双腔吸虫病如何治疗?

（1）三氯苯丙酰嗪：每千克体重用40 ~50 毫克，配成2%混悬液，一次灌服，这是治疗本病最有效的药物。

（2）丙硫苯咪唑：每千克体重用30 ~40 毫克，配成5%混悬液，一次灌服。

（3）吡喹酮：每千克体重用50 ~70 毫克，一次口服。65 ~80 毫克。

（4）六氯对甲苯（血防846）：每千克体重用200 ~300 毫克，口服，连用两次。

（5）噻苯唑按每千克体重150 ~200 毫克口服。

352. 羊肝片吸虫病是怎么回事?

肝片吸虫病也叫“肝蛭病”、“掉水腮”，是由肝片吸虫主要寄生在羊的肝脏、胆管内，引起肝炎和胆管炎造成的。本病多发生在夏秋两季，6 ~9 月份为高发季节。羊吃了附着有囊蚴的水草而感染，各种年龄、性别、品种的羊均能感染，羔羊和绵羊的病死率高。常呈地方性流行，在低洼和沼泽地带放牧的羊群发病较严重。

353. 羊肝片吸虫病如何治疗?

治疗肝片吸虫一般采取药物治疗。常用的有丙硫苯咪唑、吡喹酮、溴酚磷、三氯苯唑、硝氯酚等。通常用丙硫苯咪唑（肠虫清）按羊每千克体重 20 毫克灌服。贫血严重、心律不齐、呼吸困难的病羊肌内注射板蓝根、复合维生素 B、维生素 B_{12}、血虫灭硫酸卡那霉素；贫血较轻的可在饲料中添加硫酸亚铁，连用 4 ~5 日。

354. 怎样放牧才能预防羊肝片吸虫病发生?

（1）放牧时选择高燥地区，不到沼泽、低洼潮湿地带放牧。

（2）轮牧是防止肝片吸虫病传播的重要方法。把草场用网围栏、河流、小溪、灌木、沟壕等标把分成几个小区，每个小区放牧 30 ~40 天。按一定的顺序一区一区地放牧，周而复始地轮回放牧，以减少肝片吸虫病的感染机会。

（3）放牧与舍饲相结合。在冬季和初春，气候寒冷，牧草干枯，大多数羊消瘦、体弱，抵抗力低，是肝片吸虫病患羊死亡数量最多的时期，因此在这一时期，应由放牧转为舍饲，加强饲养管理，来增强抵抗力，降低死亡率。

355. 目前常见羊体外寄生虫有哪些? 其中由昆虫引起的有哪些?

常见有羊蠕形螨病、羊疥螨、羊住肉孢子虫、羊虱病、羊鼻蝇幼虫病、羊蜱虫病、羊蠕形蚤病。

其中由昆虫引起的有羊虱病、羊鼻蝇幼虫病、羊蜱虫病、羊蠕形蚤病。

356. 如何驱体外寄生虫?

（1）将精制敌百虫配制成 1% 的溶液，对准患部喷雾，或配成 1% 的凡士林软膏，涂擦患部。一次涂擦的表面，最多不超过全身的 1/3，以防中毒。万一中毒，可用阿托品解毒。

（2）伊维菌素或阿维菌素，0.2 毫克/千克体重，1 次皮下注射。

（3）2%敌百虫和20%草木灰涂擦。

（4）药浴。药浴的方法可采用池浴、淋浴、盆浴。使用的药剂有0.1%～0.2%杀虫脒水溶液、0.05%双甲脒溶液、0.05%辛硫磷乳油水溶液、45%消虫净乳剂配成的浓度为0.1%～0.4%的药液、0.05%蝇毒磷乳剂水溶液、0.025%～0.03%林丹乳油水溶液、0.5%～1%敌百虫溶液。

357. 羊疥螨、羊蠕形螨病如何预防？

（1）对病羊及早进行隔离，避免与健羊接触；认真消毒被污染的圈舍和用具；彻底清理病羊活动过的运动场。

（2）每年定期用双甲咪药浴，用12.5%双甲咪对成500毫克/千克，即本品1升加水配成250升。

358. 羊蜱病是怎么回事？

临床表现：蜱多趴在羊体毛短的部位叮咬，如嘴巴、眼皮、耳朵、前后肢内侧，阴户等，蜱的口腔刺入羊的皮肤进行吸血，由于刺伤皮肤造成发炎，使羊表现不安。蜱吸血量大，可造成羊贫血甚至麻痹，使羊日趋消瘦，生产力下降。

359. 羊蜱病如何防治？

（1）用敌百虫治疗：1.5%～2%精制敌百虫水溶液药浴，可使蜱全部死亡，效果较好。

（2）羊舍内灭蜱可用“223”乳剂或悬浮液，按每平方米用药量1～3克的有效成分喷洒，有良好的灭蜱作用。

（3）羊舍的墙壁及地面，用1.5%～3%精制敌百虫水溶液喷洒，重点是墙缝。一般每两个月喷洒一次。

（4）入冬前，要用2.5%～3%精制敌百虫和泥土或水泥混在一起，以堵住墙缝或地面的缝隙。

360. 羊鼻蝇幼虫病是怎么回事?

本病是由羊狂蝇所引起的。当狂蝇蛆寄生在羊的鼻腔和鼻窦内时，即因为刺激作用而引起发病。羊狂蝇又名羊鼻蝇。它的一生可分为幼虫、蛹及成虫3个阶段。成虫在羊的体外飞翔，幼虫寄生在羊的鼻腔和附近腔窦内。

当羊鼻蝇追逐羊只在鼻孔周围产幼虫时，使羊只扰乱不安。羊只为了避免侵袭，采取各种动作防范。例如，当有羊鼻蝇飞来时，羊只四处逃跑或彼此拥挤在一起，或者一只羊把鼻子藏在另一羊的腿中间，或者静避树阴下。这样就使羊只把吃草的时间大部分用在防御动作上，时间长了，就会使羊只精神疲乏，身体消瘦，营养不良。当羊鼻蝇幼虫向鼻腔内爬行时，由于其口钩的刺激作用，可使鼻腔发生炎症。在幼虫附着的地方，形成小圆凹陷及小点出血。临床主要表现如下。

(1) 发炎初期，流出大量清鼻液，以后由于细菌感染，变成稠鼻液，有时混有血液。

(2) 患羊因受刺激而磨牙。因分泌物黏附在鼻孔周围，加上外物附着形成痂皮，致使患羊呼吸困难，打喷嚏，用鼻端在地上摩擦。

(3) 咳嗽，常甩鼻子。

(4) 结膜发炎，头下垂。

(5) 有时个别幼虫深入颅腔，使脑膜发炎或受损，出现运动失调和痉挛等神经症状，严重的可造成极度衰竭而死亡。

361. 羊鼻蝇幼虫病如何治疗?

按照羊鼻蝇幼虫和成虫的个体活动情况，采用不同的治疗方法。

(1) 皮下注射伊维菌素剂量按0.2毫克/千克体重计算。

(2) 皮下注射20%碘硝酚，剂量为10～20毫克/千克体重，只用1次，效果很好。

（3）在羊鼻蝇幼虫尚未钻入鼻腔深处时，用3%来苏儿溶液，向鼻腔喷射驱除鼻腔及额窦内的幼虫，杀死幼虫。这种方法效果好。操作办法：将羊侧卧保定，头朝下，尾朝上倾斜20°～30°，防止药物喷入羊的气管和肺脏内，用一根直径约5毫米，长约15厘米，前端封闭，在前端5厘米处扎一些小针眼的小橡皮管喷雾器（可以自制）。把橡皮管插入羊的鼻腔内至眼凹下2～3厘米处为宜，给每个鼻孔喷入15～20毫升3%来苏儿溶液。喷药后，羊鼻液增多，打喷嚏，将药物杀死的鼻蝇幼虫喷出。但需要大量劳力，广泛进行困难较大，不如口服或注射药物。

（4）在羊鼻蝇幼虫从羊鼻孔排出的季节，给地上撒以石灰，把羊头下压，让鼻端接触石灰，使羊打喷嚏，亦可喷出幼虫，然后消灭之。

362. 怎么预防羊鼻蝇幼虫病?

预防羊鼻蝇幼虫病主要是消灭鼻腔内的第一期内幼虫，根据不同季节鼻蝇的活动规律，采取不同的预防措施。

（1）夏季是成蝇飞翔季节，尽量避免在中午放牧。

夏季羊舍墙壁常有大批成虫，在初飞出时，翅膀软弱，不太活动，此时可进行喷药灭蝇消灭成虫，可以收到显著效果。也可用诱蝇板，引诱鼻蝇飞落板上休息。每天早晨检查诱蝇板，将鼻蝇取下消灭。也可在羊鼻孔周围涂擦药物，如1%敌敌畏软膏等，防止成蝇产幼虫，又可杀死已产出的第一期幼虫。

（2）冬春季要注意杀死从羊鼻内喷出的幼虫，同时在春季从羊圈的墙角挖蛹，将其杀灭。每年11～12月份，用敌百虫酒精溶液（精制敌百虫60克，溶解在31毫升95%酒精中，加蒸馏水31毫升）进行肌内注射，成羊2～3毫升，小羊0.5～1.0毫升。

363. 羊焦虫病是怎么回事?

羊焦虫病是由蜱为媒介而传播的一种虫媒传染病。该病是由焦虫在蜱体内繁殖，通过蜱叮咬羊只而感染的。

临床主要特征为高热、贫血、黄疸和血红蛋白尿，发病率和死亡率高。一般情况下感染率为2%，有的感染率高达95%，呈散发流行。

本病具有明显的季节性，从春季到秋季都可发生。秋季发病率高，最早发生于3月下旬，最晚发病于11月中旬。一般情况下，以6～10月份发病率较高，1～2岁和1月龄的羊病势较重。良种羊和外地引入羊比本地羊易感性高，老年羊和幼龄羊比青壮年羊的易感性和病死率都高。以放养、散养发病居多，常年舍饲的较少发病或不发生。

364. 哪些药物可以治疗羊焦虫病?

（1）贝尼尔，按6毫克/千克体重，以注射用水配5%～7%溶液深部肌内注射，隔日1次，连用3次。黄色素，按3～4毫克/千克体重，以注射用水配成0.5%～1%溶液静脉注射，必要时2～3天后重复用药1次。

（2）硫酸喹啉脲，按1毫克/千克体重，配成5%溶液皮下注射，必要时24小时后重复用药1次。

（3）盐酸吖啶黄（黄色素）注射液：按羊3毫克/千克体重，将所用药液对入5%葡萄糖溶液适量稀释后，颈静脉缓慢输入，每日用药一次至虫体消失为止。

（4）三氮脒粉针：按羊3.5毫克/千克体重，并用蒸馏水稀释成5%的溶液做臀部深层肌内注射，间隔48小时重复用药一次。治疗时配合用樟脑、维生素 B_{12}、维生素C、牲血素等。

365. 如何预防羊焦虫病?

羊焦虫病的发生与蜱的活动有关。因此，一定要掌握放牧和羊、蜱的生活习性，采取综合性预防措施。

（1）消灭蜱是预防本病的措施之一，切断传播途径避免和蜱接触。在秋冬季节，应搞好圈舍卫生，消灭越冬硬蜱的幼虫；春季刷拭羊体时，要注意观察和抓蜱。可向羊体喷洒敌百虫。

（2）定期用3%的敌百虫（现用现配）喷雾羊的运动场、羊舍墙壁来灭蜱，每3～7天1次。

（3）加强检疫，不从疫区引进羊，购入羊只必须检疫，避免将病原带入。对发病较重的地区检疫圈养。

（4）药物预防：在流行地区，于发病季节前每隔15天用贝尼尔预防注射1次，按每千克3毫克贝尼尔用生理盐水稀释，肌内注射。

366. 羊附红细胞体病主要表现是什么？

羊附红细胞体病是一种亚急性传染性，但非接触性传染性疾病，特征为羔羊贫血和体质虚弱；成年羊发热、呼吸困难、腹泻；怀孕母羊流产。本病多发于5月初以后至9月下旬。

羊附红细胞体病是通过吸血昆虫蚊、蝇、虱、蠓、蜱等进行传播的。

病羊表现精神不振，食欲减退，贫血消瘦，个别羊体温41～42℃，呼吸急促、喘气，部分腹泻，眼结膜初期潮红，后期苍白贫血，多数羊咳嗽严重，流浆液性鼻涕，常黏附于鼻孔周围，腰背拱起，腹部紧缩，眼睑肿胀，流泪或脓性分泌物，肺部叩诊有浊音区。

病羊剖检可见血液稀薄，凝固不良，全身肌肉色泽变淡，皮下脂肪黄染，肺部损害多发于一侧（多为右侧），呈纤维蛋白性肺炎，其他器官病变不明显。

367. 如何治疗羊附红细胞体病？

（1）长效土霉素或盐酸四环素：每千克体重15～30毫克，肌内或静脉注射，每天一次，连用5天。

（2）血虫净（贝尼尔）：现配现用，按每千克体重用5～7毫克，配成1%溶液，静脉注射，连用2天，15天后康复，若预防可按3毫克/千克体重，深部肌内注射。

（3）盐酸吖啶黄（黄色素）注射液：按羊3毫克/千克体重，

将所用药液对入5%葡萄糖溶液适量稀释后，颈静脉缓慢输入，每日用药一次至虫体消失为止。

（4）三氮脒粉针：按羊3.5毫克/千克体重，并用蒸馏水稀释成5%的溶液做臀部深层肌内注射，间隔48小时重复用药一次。治疗时配合用樟脑、维生素 B_{12}、维生素C、牲血素等。

（5）对消瘦发喘的羊群用止喘王1毫升/10千克体重，肌内注射。并可用中药“天花粉20克，黄芩10克，生石膏20克，甘草6克”灌服（2只成羊量），或清肺散开水冲服，每500克供10只羊饮服。

368. 怎样预防羊附红细胞体病？

目前，预防羊附红细胞体病没有可用的疫苗，主要采取综合防治的措施。

（1）加强饲养管理，以全价日粮饲养羔羊，及时清除体内外寄生虫，有助于预防该病。

（2）夏季搞好灭蚊蝇、驱螨、灭蜱工作，消灭吸血昆虫。

（3）减少长途高坡放牧，调整羊群，不要拥挤，要通风排气。

（4）在进行去势、断尾等手术时，要严格消毒器械，以防止人工传播。

（5）用1%～2%敌百虫溶液喷洒羊圈及羊体表，进行体外的驱虫。

（6）平时加强疫病检验，及时发现、治疗病羊，并对同群羊用药物进行预防。

369. 羊球虫病的表现有哪些？

羊球虫病是由艾美耳球虫属的多种球虫，寄生于肠道所引起的以下痢、便血为主要特征的羊原虫病。各品种的绵羊、山羊对球虫病均有易感性。羔羊极易感染，时有死亡。成年羊一般都是带虫者。本病的流行季节多为春、夏、秋潮湿季节。

羊球虫病的主要症状为急剧下痢，排出黏液血便，恶臭，并含有大量卵囊。时见病羊肚胀，被毛脱落，眼和鼻在黏膜有卡他性炎症，贫血迅速消瘦，常发生死亡。死亡率通常在10% ~25%。急性经过为2 ~7天，慢性的可延到数周。耐过羊可产生免疫力，不再感染发病。

病羊剖检可见小肠有明显病变，肠道黏膜上有淡白、黄色圆形或卵圆形结节，大小如粟粒到豌豆大，有时在回肠和结肠有许多白色结节。可应用饱和盐水漂浮法检查新鲜羊粪，能发现大量球虫卵囊。

370. 羊球虫病如何防治?

【治疗】

（1）呋喃唑酮（痢特灵）：按每千克体重7 ~10毫克，口服，连用7天。

（2）磺胺二甲嘧啶：按每千克体重第1天为0.2克，以后改为0.1克，连用3 ~5天，对急性病例有效。

（3）磺胺与甲氧嘧啶加增效剂：按5∶1比例配合，按每天每千克体重0.1克剂量内服，连用两天有治疗效果。

（4）氨丙啉：按每天每千克体重20毫克，连用5天。

【预防】

预防羊球虫病应采取隔离、卫生和预防性治疗等综合性防治措施。

（1）成年羊是球虫的散播者，最好将羔羊隔离饲养管理。羊球虫以孢子化卵囊对外界的抵抗力很强，一般消毒药很难将其杀死，对圈舍和用具最好用70 ~80℃以上热水，或2% ~5%热火碱水消毒。

（2）经常保持圈舍及周围环境的卫生，通风干燥，每天清除粪便，进行堆积生物热消毒。也可采取提前使用抗球虫药物进行预防。

371. 造成羊胎水过多的原因有哪些?

（1）因为脐带或者胎膜的某些部分发生扭转。

（2）胎儿或母体的肾脏发炎、心脏衰弱以及肝、肺患有某些疾病。

（3）有些羊膜腔积水的病例显然是由于羊膜上皮的机能扰乱而发生，因为羊膜上皮能够分泌羊水。

（4）怀双羔或胎羔畸形时容易发生羊水过多现象。

372. 羊胎水过多的表现有哪些?

大多数病例均发生在怀孕的后半期，病的发展慢。最初全身不显症状，食欲正常，只是腹部逐渐膨大。在病程严重时，怀孕 3.5 个月的羊即显腹部增大，背部极度下陷，肷窝被胎水顶起。

全身情况随着疾病的进展而逐渐恶化，食欲显著降低，病羊极度消瘦，被毛蓬乱。眼无神而沉郁。呼吸困难。脉搏快而弱，有时可以达到 100 ~ 120 次。行走困难，喜欢卧下，不易使其站立。

检查阴道时，发现子宫颈深陷于腹腔之中。病程严重时，可能发生子宫破裂或腹肌破裂，也容易发生早产，而且胎儿没有生活能力。

373. 羊胎水过多怎么治疗?

（1）病程轻时，可给予体积小而富于营养的饲料，限制饮水和食盐。每天做规律的运动，等待正常分娩。在这样的饲养管理下，可以维持正常怀孕。

（2）通过腹壁进行子宫穿刺，让液体排出，有时会有疗效，但常常会引起流产。

（3）可试灌大量氯化铵（每日 3 ~ 5 克）或双氢克尿塞（每日 3 次，每次 5 片），以增加水分的排泄。

（4）病程严重时，特别是具有危害母羊生命的症状时，应及早施行人工流产。

374. 引起母羊胎衣不下的原因有哪些？

羊胎衣不下是指孕羊产后 4 ~6 小时，胎衣仍排不下来的疾病。

（1）孕羊缺乏运动。

（2）饲料中缺乏镍盐、维生素。

（3）饮饲失调，体质虚弱。

（4）母羊患子宫炎、布氏杆菌病等。

（5）有报道，羊缺硒也可致胎衣不下。

375. 如何治疗母羊胎衣不下？

第一、药物治疗

（1）病羊分娩后不超过 24 小时的，可应用马来酸麦角新碱 0. 5 毫克，一次肌内注射；垂体后叶素注射液或催产素注射液 0. 8 ~1. 0 毫升，一次肌内注射。

（2）皮下注射催产素 2 ~3 国际单位（注射 1 ~3 次，间隔 8 ~12 小时）。如果配合用温的生理盐水冲洗子宫，收效更好。为了排出子宫中的液体，可以将羊的前肢提起。

（3）当羊体温升高，呈现败血症时，宜用抗生素注射，可以配合中药治疗。

① 肌内注射抗生素：青霉素 40 万 ~80 万国际单位，每天 2 次；硫酸链霉素 1 克，每天 2 次。

② 静脉注射四环素：将四环素 50 万国际单位，加入 5% 葡萄糖注射液 100 毫升中注射，每天 2 次。

③ 用 1% 冷食盐水冲洗子宫，排出盐水后给子宫注入青霉素 40 万国际单位及链霉素 1 克，每天 1 次，直至痊愈。

④ 10% ~25% 葡萄糖注射液 300 毫升，40% 乌洛托品 10 毫升，静脉注射，每天 1 ~2 次，直至痊愈。

⑤ 结合临床表现，及时进行对症治疗：如给予健胃剂、缓泻剂、强心剂等。

⑤ 中药可用当归 9 克、白术 6 克、益母草 9 克、桃仁 3 克、

红花6克、川芎3克、陈皮3克，共研细末，开水调后内服。

第二、自然剥离法治疗

用自然剥离法治疗母羊胎衣不下时，不借助手术剥离，而辅以防腐消毒药或抗生素，让胎膜自行排出，达到自行剥离的目的。可于子宫内投放土霉素胶囊0.5克，效果较好。

第三、手术剥离法治疗

当应用药物方法治疗已达48～72小时，胎衣仍然不能脱落，应立即采用手术剥离法。

（1）宜先保定好病羊，按常规准备及消毒后进行手术。

（2）术者一手握住阴门外的胎衣，稍向外牵拉；另一手沿胎衣表面伸入子宫，可用食指和中指夹住胎盘周围绒毛成一束，以拇指剥离开母子胎盘相互结合的周边，剥离半周后，手向手背侧翻转以扭转绒毛膜，使其从窦中拔出，与母体胎盘分离。子宫角尖端难以剥离，常借子宫角的反射收缩而上升，再行剥离。

（3）最后给宫内灌注抗生素或防腐消毒药。如土霉素2克，溶于100毫升生理盐水中，注入子宫腔内；或注入0.2%普鲁卡因溶液30～50毫升。

376. 如何预防母羊胎衣不下？

（1）加强孕羊的饲养管理，每天必须保证适当的运动。

（2）饲料的配合应不使孕羊过肥为原则。

377. 羊子宫炎临床表现如何？

羊子宫炎是因分娩、助产、子宫脱、阴道脱、胎衣不下、腹膜炎、胎儿死于腹中等导致细菌感染而引起的子宫黏膜炎症。该病临床诊断可见急性和慢性两种，按其病程发炎性质可分为卡他性、出血性和化脓性子宫炎。

（1）急性：初期病羊食欲减少，精神欠佳，体温升高。因有疼痛反应而磨牙，呻吟，前胃弛缓，弓背，努责，时不时做排尿姿势，阴户内流出污红色内容物。

（2）慢性：病情较急性轻微，病程长，子宫分泌物量少，如不及时治疗可发展为子宫坏死，继而全身状况恶化，发生败血症或脓毒败血症。有时可继发腹膜炎、肺炎、膀胱炎、乳房炎等。

378. 怎样治疗羊子宫炎?

（1）采取冲洗子宫、消炎等方法治疗。

常用冲洗液有1%氯化钠溶液、1%～2%碳酸氢钠溶液（小苏打）、0.1%～0.2%的雷佛奴尔溶液、2%氧氟沙星、0.1%高锰酸钾溶液或含有0.05%的呋喃唑酮盐水，用量为300毫升左右，向子宫腔内灌注，然后用虹吸法排出灌注液，每天一次，连做3～4次，直至排出液透明为止。若在子宫内有较多分泌物时，盐水浓度可提高到3%。促进炎性产物的排出，防止吸收中毒。并可刺激子宫内膜产生前列腺素，有利于子宫机能的恢复。如果子宫颈口关闭很紧，不能冲洗，可给子宫颈涂以2%碘酒或肌内注射己烯雌酚5～8毫克，使它变为松弛。冲洗后灌注青霉素40万单位。消炎可在冲洗后，向子宫内注入碘甘油3毫升或投放土霉素0.5克；肌内注射青霉素80万单位，链霉素50万单位，每天2次。

（2）子宫内给予抗菌药。

由于子宫内膜炎的病原菌非常复杂，且多为混合感染，宜选用抗菌范围广的药物。如四环素、氯霉素、庆大霉素、卡那霉素、金霉素、呋喃类药物、氟哌酸等。可将抗菌药物0.5～1克，用少量生理盐水溶解，做成溶液或混悬液，用导管注入子宫，每日2次。也可每日向子宫内注入5%～10%的呋喃唑酮混悬液10～20毫升。

（3）解除自体中毒。

可用10%葡萄糖溶液100毫升、林格氏液100毫升、5%碳酸氢钠溶液30～50毫升，一次静脉注射。且肌内注射维生素C注射液200毫克。

（4）激素疗法。

可用前列腺素F2a类似物，促进炎症产物的排出和子宫功能的恢复。在子宫内有积液时，可注射雌二醇2～4毫克，4～6小时后注射催产素10～20单位，促进炎症产物排出。配合应用抗生素治疗，可收到较好的疗效。

379. 羊子宫炎如何预防?

（1）严格隔离病羊，不可与分娩的羊同群喂养。

（2）加强饲养管理，饲喂富于营养而带有轻泻性的饲料，经常供给清水。

（3）保持圈舍干燥、温暖、清洁，产房卫生，临产前将外阴部冲洗干净。

（4）接产、助产时要注意消毒，不要损伤产道。

（5）人工授精时应严格消毒。

（6）加强护理，防止发生流产、难产、胎衣不下和子宫脱出等疾病。对产道损伤、胎衣不下及子宫脱出的病羊要及时治疗，防止感染发炎。同时预防和扑灭引起流产的传染性疾病（如布氏杆菌病）。

（7）产后1周内，对母羊要经常检查，要勤于观察母羊阴门处，尤其要看阴道排出的黏液有无异常，如排出物有腥臭味、呈黏液脓性或污红色，或排出的时间延长，要立即治疗。

（8）定期检查种公羊的生殖器官是否有传染疾病，防止公羊在配种时传播感染。

380. 引起羊子宫脱出的原因有哪些?

（1）母羊怀孕期间由于饲料及运动不足，饲养管理不良，体质虚弱，以及经产老龄羊阴道及子宫周围组织过度松弛，因而易发生子宫脱出。

（2）胎儿过大及双胎妊娠，可引起子宫韧带过度伸张和弛缓，产后也易产生子宫脱出。

（3）产道干燥，助产努责剧烈时，抽出胎儿过猛，则易引起子宫脱出。

（4）便秘、腹泻、子宫内灌注刺激性药液，努责频繁，腹腔内压升高，也可发生本病。

381. 如何治疗羊子宫脱出症?

目前治疗母羊子宫脱出，采取早期整复的方法，可以使子宫复原。在无法整复或发现子宫壁上有很大裂口、大的创伤或坏死时，应实行子宫摘除术。并发便秘或拉稀时，应进行对症治疗。

子宫复原的方法步骤：

（1）首先剥离胎衣，用3%冷明矾水清洗子宫。

（2）将羊后肢提起，将子宫逐渐推入骨盆腔。

（3）为避免子宫重复脱出，可在阴门上缝合两针，或施用脱宫带。

382. 母羊生产瘫痪发生的原因有哪些?

（1）产乳量高以及怀孕末期营养良好的羊只，如果饲料营养过于丰富，都可成为发病的诱因。

（2）由于血糖和血钙降低引发。一般认为是由于神经系统过度紧张（抑制或衰竭）而发生的一种疾病，尤其是由于大脑皮质接受冲动的分析器过分紧张，造成调节力降低。

383. 如何治疗母羊生产瘫痪?

（1）静脉或肌内注射10%葡萄糖酸钙50～100毫升，或者应用5%氯化钙60～80毫升、10%葡萄糖120～140毫升、10%安钠咖5毫升混合，一次静脉注射。

（2）采用乳房送风法。使羊稍呈仰卧姿势，挤出少量乳汁；用酒精棉球擦净乳头，尤其是乳头孔。然后将煮沸消毒过的导管插入乳头中，通过导管打入空气，直到乳房中充满空气为止。用手指叩击乳房皮肤时有鼓响音者，为充满空气的标志。在乳房的两半中都要注入空气；为了避免送入的空气的逸出，在取出导管时，应用手指捏紧乳头，并用纱布绷带轻轻扎住每一个乳头的基部。经过25～30分钟将绷带取掉。将空气注入乳房各叶以后，小心按摩乳房数分钟。然后使羊四肢蜷曲伏卧，并用草束摩擦臀部、腰部和胸部，最后盖上麻袋或布块保温。注入空气以后，可根据情况考虑注射50%葡萄糖溶液100毫升。如果注入空气后6小时情况并不改善，应再重复做乳房送风。

384. 怎样预防母羊生产瘫痪？

根据钙在体内的动态化变化，在实践中应考虑饲料成分配合预防本病的发生。

（1）在整个怀孕期间都应喂给富含矿物质的饲料。单纯饲喂富含钙质的混合精料，似乎没有预防效果。假若同时给予维生素D，则效果较好。

（2）产前应保持适当运动，但不可运动过度。因为过度疲劳反而容易引起发病。

（3）对于习惯发病的羊，于分娩之后，及早应用5%氯化钙40～60毫升、25%葡萄糖80～100毫升、10%安钠咖5毫升混合，一次静脉注射。

（4）在分娩前和产后1周内，每天给予蔗糖15～20克。

385. 母羊产前出现瘫痪怎么办？

母羊产前瘫痪是母羊产前1～2个月常见的一种代谢病，多发于体况过瘦或过肥的妊娠后期母羊，特别是高产母羊。一旦治疗不当，往往造成母子双亡的后果。

（1）首先要纠酸补糖。本病特征是低糖高酮，机体伴有酸中毒，所以最好选用5%碳酸氢钠液（小苏打）250毫升、50%葡萄糖200毫升静脉滴注，尽快提高血糖浓度和纠正酸中毒。

（2）不能忽视补磷。本病的治疗要注意补钙和补磷，尤其是注意补磷，一般来说反刍动物不容易缺钙，单纯补钙疗效不好。

（3）及时引产。由于本病多发于高产母羊，怀孕母羊多因怀羔过多而严重营养不良，如果一旦发生卧地不能站起，要及时引产来减少母羊的负担。本病羔羊即使正常产出也会因体弱而成活率低。

（4）辅助治疗。患羊因出现运动障碍，为防止肌肉萎缩可注射维生素 B_{12}，适当使羊兴奋，可用些中枢兴奋药如安钠咖等，输液 40 分钟后不见排尿可用利尿药如速尿等，见尿可以适当补钾。

（5）注意护理病羊。一旦卧地不起，要单独放在垫草较厚的地方，防止长期卧地造成骨棱处的皮肤磨破，及时地给其翻身，防止长褥疮，饲喂质量较好的草料等。

386. 羊为什么吞食胎衣？如何防治？

山羊和绵羊都有吞食胎衣的癖性，羊吞食胎衣与饲料中缺乏蛋白质有关。主要表现为消化道发生紊乱。一般是食欲显著减少，精神不振，离群喜卧。如何防治羊吞食胎衣呢？

首先减食或禁食，然后进行以下治疗。

（1）帮助消化吞食的胎衣：灌服健胃剂（1∶200 胃蛋白酶 10 克、胰蛋白酶 10 克、稀盐酸 8 毫升、龙胆酊 12 毫升、番木别酊 8 毫升、加水至 500 毫升），分两次灌服，一日服完。

（2）促进排出吞食的胎衣：给予硫酸钠 80～100 克或石蜡油 120～150 毫升。这些泻剂务必在给健胃剂后 4～6 小时灌服。

（3）母羊分娩时，要密切注视，见胎衣落下时，立刻拿走深埋。

387. 羊乳房炎如何防治？

【治疗】对临床型乳房炎可用抗生素治疗。向乳头内注射青霉素 80 万单位、链霉素 100 万单位，每天 2 次，全身症状明显者，应全身肌内注射或静脉注射上述抗生素。也可用盐酸林可霉素、头孢类药物治疗。

【预防】一般来说，奶量越高的羊，得乳房炎的机会越多。主要采取以下预防办法。

（1）避免乳房中奶汁潴留。绵羊所产的奶，一般只供小羊吃，如果奶量较大，吃不完的奶存留在乳房内，便有降低乳腺抵抗力的倾向，故对这种母羊应当随时注意干奶。可经常挤奶或让其他羔羊吃奶，或者减少精料使奶量减低，避免余奶潴留。山羊虽然希望奶量尽量增加，但应避免乳房中奶汁潴留。要根据奶量高低决定每日挤奶次数及挤奶间隔时间。每次挤奶应力求干净。

（2）经常保持清洁。

① 经常洗刷羊体（尤其是乳房部），以除去疏松的被毛及污染物。

② 每次挤奶以前必须洗手，并用开水或漂白粉溶液浸过的布块清洗乳房，然后再用净布擦干。

③ 经常保持羊棚清洁，定时清除粪便及不干净的垫草，供给洁净干燥的垫草。

④ 避免把产奶山羊及哺乳绵羊放于寒冷环境，尤其是在雪雨天气时更要特别注意。

⑤ 哺育羔羊的绵羊，最好多进行放牧，这样不但可以预防乳房炎，而且可以避免发生其他疾病。

⑥ 在挤病羊奶时，应另用一个容器，病羊的奶应该毁弃，以免传染。并应经常清洗及消毒容器。

388. 母羊产后综合征是怎么回事？

母羊产后综合征多发生于老年母羊，产前营养不良，产后虚弱。病程长者，后期卧地不起，精神沉郁，食欲废绝，反刍停止，肢端和耳尖稍发凉，体温下降（低于38℃），心音较弱，全身肌肉发抖，若不及时治疗，可因心力衰竭而死亡。临床常误诊为母羊缺钙。

本病的发生是由于母羊产后能量消耗过多，肌体摄入的蛋白能量不足，肌体异化作用强于同化作用，心肺机能降低，各器官循环衰竭所致。

389. 如何治疗和预防母羊产后综合征？

【治疗】母羊产后综合征以强心、补液、补充能量、改善循环为主，以抗菌消炎为辅。

取10%的葡萄糖500毫升，硫酸庆大霉素2毫升（4万国际单位）5 支，ATP 注射剂、能量合剂 100 毫克各 5 支，10% 安钠咖 10 毫升 1 支，复合维生素 B、维生素 C 注射液 10 毫升各 4 支，混合后，静脉滴注，每天 2 次，连用 2 天。

【预防】

（1）加强饲养管理，对怀孕母羊要补充营养，饲料要全价。

（2）为分娩母羊提供好的分娩环境，避免外界的各种刺激，如噪声、惊吓等。

（3）合理地掌握接产时分娩的指征，防止产程过长。如果难产要采取助产或剖腹产等措施。

390. 引起公羊阴茎坏死的原因是什么？

（1）由于病羊的肾盂或膀胱内，尿酸盐结晶体的形成，造成尿道流通不畅，大量结晶体沉积于尿道，形成尿道结石。若时间一长，则造成阴茎坏死。

（2）由于在诊断过程中，尿道炎与膀胱炎或尿道结石的症状很相似，不太容易区别，在治疗过程中误按尿道炎或膀胱炎处理。阴茎本身一发生炎症，尿道中的结晶容易沉积于尿道，形成结石，造成阴茎坏死。

（3）由于在阴茎发炎过程中，病羊饮水不足，精饲料过多以及维生素 A 的缺乏，或长期饮用井水，这些都是阴茎头坏死的主要发病原因。

391. 引起公羊睾丸炎的原因有哪些？

（1）由于互相抵斗或意外损伤。在配种季节内，如果多数公羊同圈，容易发生睾丸炎。

（2）经常舍饲。有时因为缺乏运动或营养好而发生自淫，会引起睾丸、阴茎、鞘膜等部分的严重疾患。

（3）因为绵羊布鲁氏杆菌、精液放线杆菌、羊棒状杆菌、羊嗜组织菌和巴氏杆菌等或其他传染病引起。公羊常因为患布鲁氏杆菌病而发生睾丸炎。有时全身感染性疾病（结核病、沙门氏菌病等）可通过血行感染而引起睾丸炎。

（4）有时可因交配过度而引起。

（5）小公羊拥挤也是传染的主要原因。

（6）阴囊损伤可能引起睾丸继发化脓性葡萄球菌感染。

392. 公羊的睾丸炎如何防治？

【治疗】本病治疗首先应使患羊保持安静，加强护理，供给足量饮水。治疗方法根据炎症轻重不同而异。

（1）急性病例：可使用悬吊绷带（包以棉花），每隔数小时给绷带上浸以温暖的饱和泻盐溶液或冷水，给以轻泻性饲料或药物。体温升高时，全身应用抗生素或磺胺类药物。并在精索区注射普鲁卡因青霉素溶液（青霉素 40 万单位溶于 0.5% 普鲁卡因 1 毫升中），隔日 1 次。

（2）慢性病例：涂擦刺激剂（碘片 1 克、碘化钾 5 克、甘油 20 毫升，先将碘化钾加适量水溶解，然后加入碘片和甘油，搅拌均匀），早晚各涂擦一次。

（3）对睾丸极端肿胀，有脓肿、坏死，甚至发生出血的，可施行去势手术，摘除睾丸，因为这种羊很难恢复生殖能力。

（4）如为传染病引起的，应抓紧治疗原发病。

【预防】控制本病的主要措施是依靠及时发现、淘汰感染公羊和预防接种。

（1）小公羊不能过于拥挤，尽可能避免公羊间同性性活动。

（2）对纯种群和繁育群种用公羊于配种前一月应进行血清学检测，主要检测布鲁氏杆菌病、衣原体病、放线菌病等。引进种公羊应先隔离检查，交配前 6 周对所有公羊和动情后小公羊用布鲁氏杆菌 19 号苗同时接种，可预防布鲁氏杆菌引起的附睾炎。

（3）建立合理的饲养管理制度，使公羊营养适当，不要交配过度，尤其要保证足够的运动。

（4）对布鲁氏杆菌病定期检疫，对阳性的羊只进行淘汰或扑杀。

附　录

一、肉羊的生理指标和正常繁殖生理指标

1. 肉羊的生理指标

绵羊：正常体温：38.0～39.5℃

　　　正常脉搏：60～80次/分

　　　正常呼吸：12～30次/分

山羊：正常体温：38.5～39.7℃

　　　正常脉搏：60～80次/分

　　　正常呼吸：10～20次/分

2. 肉羊的正常繁殖生理指标

为了提高肉羊的繁殖率、出栏率和商品率，并有计划地布置好肉羊的产羔时期，以适应肉羊产业迅猛发展的市场需求，技术指导人员应对肉羊的正常繁殖生理方面的主要指标有所系统了解。

（1）性成熟：多为5～7月龄，早者4～5月龄（个别早熟山羊种类3个多月即发情）。

（2）体成熟：母羊1.5岁左右，公羊2岁左右。早熟种类提早。

（3）发情周期：绵羊多为16～17天（大范围14～22天），山羊多为19～21天（大范围18～24天）。

（4）发情持续期：绵羊30～36小时（大范围27～50小时），山羊39～40小时。

（5）排卵时间：发情开始后 12～30 小时。

（6）卵子排出后保持受精能力时间：15～24 小时。

（7）精子抵达母羊输卵管时间：5～6 小时。

（8）精子在母羊生殖道存活时间：多为 24～48 小时，最长 72 小时。

（9）最适合配种时间：排卵前 5 小时左右（即发情开始半天内）。

（10）妊娠（怀孕）期：平均 150 天（范围 145～154 天）。

（11）哺乳期：普遍 3.5～4 个月，可依消费需求和羔羊生长发育快慢而定。

（12）多胎性：山羊普遍多于绵羊。我国中、南部地域绵、山羊多于北方。

（13）发情时节：因气候、营养条件和种类而异，分全年和时节性发情。普遍营养条件较好的暖和地域多为全年发情；营养条件较差且不平衡的偏冷地域多为时节性发情。

（14）产羔时节：以产冬羔（12 月～翌年元月）最好，次为春羔（2～5 月，2～3 月为早春羔，4～5 月为晚春羔）和秋羔（8～10 月）。

（15）产后第一次发情时间：绵羊多在产后第 25～46 天，最早者在第 12 天左右；山羊多在产后 10～14 天，而奶山羊较迟（第 30～45 天）。

（16）繁衍应用年限：多为 6～8 年，以 2.5～5 岁繁衍应用性能最好。个别优秀种公羊可应用到 10 岁左右。

二、肉羊常用疫苗及免疫程序

（一）口蹄疫

1. 免疫程序

首免日龄：28～35 日龄，剂量为 1.5 毫升/只，肌内注射。

二免日龄：58～65 日龄（加强免疫，与首免日龄间隔一个月）。

三免日龄：178～185 日龄（与二免日龄间隔四个月或根据抗体监测水平决定下一次免疫日期）。

以后间隔四个月免疫一次，或根据抗体效价监测水平决定下一次免疫时间。

2. 使用疫苗的种类

口蹄疫 O 型－亚洲 I 型二价灭活疫苗

3. 免疫效果监测

二免以后，每次免疫后 21～30 天采血进行免疫后抗体监测。

免疫效果判定标准：O 型口蹄疫免疫后抗体效价≥1：32 为合格。亚洲 I 型口蹄疫免疫后抗体效价≥1：128 为合格。群体免疫后抗体水平≥70% 为合格，若不合格的，要及时补免。

（二）炭疽

无毒炭疽芽孢苗用于预防羊炭疽。绵羊皮下注射 1 毫升，注射后 14 天产生坚强免疫力，免疫期一年（一般每年 4、5 月份免疫，此苗不能用于山羊）。

（三）羊痘

绵羊、山羊痘弱毒冻干苗用于预防绵羊、山羊痘。按瓶签上的头数应用，每头份用 0.1 毫升生理盐水稀释；每只羊皮内注射 0.1 毫升（不论大小瘦弱、怀孕均可同量）。注射后 5～8 天肿胀，硬结，5～10 天逐渐消失。注射后 4～6 天可产生坚强免疫力，免疫期 1 年（每年 8 月免疫）。

（四）羊梭菌疫苗

羊快疫、猝疽、肠毒血症（羔羊痢疾）“三联四防”苗，用于预防羊快疫、猝疽、肠毒血症和羔羊痢疾。

干粉苗：用 20% 铝胶盐水溶解（不论羊龄大小）皮下或肌内

注射1毫升，14天产生免疫力，免疫期1年。

湿苗（又称羊四联苗）：应用前摇匀后每只皮下或肌内注射5毫升，免疫期6个月（每年2月、8月免疫）。

（五）破伤风类毒素

预防破伤风。免疫时间在怀孕母羊产前1个月、羔羊育肥阉割前1个月或羊只受伤时，一般在每只羊颈部中间1/3处，皮下注射0.5毫升，1个月后产生免疫力，免疫期1年。

（六）羔羊大肠杆菌疫苗

预防羔羊大肠杆菌病。皮下注射，3月龄以下的羔羊每只1毫升，3月龄以上的羔羊每只2毫升。注射疫苗后14天产生免疫力，免疫期6个月。

（七）羊流产衣原体油佐剂卵黄灭活苗

预防山羊衣原体性流产。在羊怀孕前或怀孕后1个月内，皮下注射，每只3毫升，免疫期1年。

（八）口疮弱毒细胞冻干苗

预防山羊口疮。每年3月、9月各注射1次，不论羊只大小，每只口腔黏膜内注射0.2毫升。

（九）山羊传染性胸膜肺炎氢氧化铝菌苗

皮下或肌内注射，6月龄以下每只3毫升，6月龄以上每只5毫升，免疫期1年。

（十）羊链球菌氢氧化铝菌苗

预防山羊链球菌病。每年的3月、9月各接种1次，免疫期半年，接种部位为背部皮下注射。6月龄以下的羊接种量为每只3毫升，6月龄以上的每只5毫升。

三、羊常用药物

以下是一些养羊常用药物的使用方法，科学合理的使用这些药物，才能取得良好的疗效。

（一）消毒药

1. 生石灰

加水配成10%～20%石灰乳，适用于消毒口蹄疫、传染性胸膜肺炎、羔羊腹泻等病原污染的圈舍、地面及用具。干石灰可撒布地面消毒。

2. 氢氧化钠（火碱）

有强烈的腐蚀性，能杀死细菌、病毒和芽孢。其2%～5%水溶液可消毒羊舍和槽具等，并适用于门前消毒池。

3. 来苏儿

杀菌力强，但对芽孢无效。3%～5%的溶液可供羊舍、用具和排泄物的消毒。2%～3%的溶液用于手术器械及洗手消毒。0.5%～1%的浓度内服200毫升治疗羊胃肠炎。

4. 新洁尔灭

为表面活性消毒剂，对许多细菌和霉菌杀伤力强。0.01%～0.05%的溶液用于黏膜和创伤的冲洗，0.1%的溶液用于皮肤、手指和术部消毒。

（二）抗生素类药物

1. 青霉素

青霉素种类很多，常用的是青霉素钾盐和钠盐，主要对革兰氏阳性菌有较大的抑制作用，肌内注射可治疗链球菌病、羔羊肺炎、气肿疽和炭疽。治疗用量：肌内注射20万～80万单位，每天2次，连用3～5天。不宜与四环素类、卡那霉素、庆大霉素、磺胺类药物配合使用。

2. 硫酸链霉素

主要对革兰氏阴性菌具有抑制和杀灭作用，对少数革兰氏阳性菌也有作用，口服可治疗羔羊腹泻，肌内注射可治疗炭疽、乳房炎、羔羊肺炎及布鲁氏菌病。治疗用量：羔羊口服0.2～0.5克，成年羊注射50万～100万单位，每天2次，连用3天。

3. 泰乐菌素

对革兰氏阳性菌及一些阴性菌有效，特别对霉形体的作用强，可治疗羊传染性胸膜肺炎。治疗用量：每次肌内注射5～10毫克/千克体重，内服量每次为100毫克/千克体重，每天均为1次。

4. 氨苄青霉素

对溶血性链球菌、肺炎链球菌和不产青霉素酶葡萄球菌具有较强的抗菌作用。对革兰氏阴性菌如大肠杆菌、变形杆菌、沙门氏菌、嗜血杆菌、布氏杆菌和巴氏杆菌有较强的作用。适用于各种敏感菌引起的全身感染，如巴氏杆菌病、肺炎、乳腺炎、子宫炎、白痢、沙门氏菌病和败血症等。肌内注射或静脉注射，一次量每千克体重10～20毫克，一天2～3次，连用2～3日。

5. 头孢噻呋钠

用于因病毒、细菌、支原体、血液原虫引起的全身性感染及呼吸系统、消化系统、泌尿生殖系统、皮肤软组织严重感染性疾病。如附红细胞体病、弓形体病、李氏杆菌病、链球菌病、猪丹毒、传染性胸膜肺炎、急性肺炎、顽固性下痢、产后感染、乳房炎、子宫内膜炎、尿道炎等。肌内或静脉注射，一次量，每千克体重30～40毫克，重症或首次用药量酌加，预防用药量减半。一日1～2次，连用2～3日。

6. 盐酸四环素

用于治疗敏感的革兰氏阳性菌和阴性菌、支原体等引起的感染性疾病。静脉注射，一次量，每千克体重5～10毫克，连用2～3日。

7. 盐酸林可霉素

新型广谱抗菌药。对革兰氏阳性菌如金黄色葡萄球菌（包括耐青霉素、红霉素的金黄色葡萄球菌）、链球菌、肺炎双球菌和革兰氏阴性球菌等有强大的杀灭作用。主要用于急慢性乳腺炎、化脓性乳腺炎、隐性乳腺炎、急慢性子宫内膜炎、阴道炎等，对乳房出血、血乳、红肿疼痛、机械损伤、吸吮性损伤、乳房内肿块有特效。对肺炎、传染性胸膜肺炎、肠炎、痢疾和高热不退引起的不食、少食、喜饮水等有很好的效果。每千克体重 0.05 ~0.1 毫升，肌内注射或静脉滴注，一日一次，连用 3 ~5 日；静脉滴注可用生理盐水或葡萄糖注射液稀释；乳房内灌注时每个患病乳室 20 毫升，用生理盐水按 1：1 稀释后注入；子宫内注入时一次 40 毫升。

8. 硫酸庆大霉素

用于治疗革兰氏阴性和阳性菌感染，如大肠杆菌病、克雷伯菌病、变形杆菌病、沙门氏菌病等。肌内注射，一次量，每千克体重 2 ~4 毫克，一日 2 次，连用 2 ~3 日。

9. 硫酸卡那霉素

主要用于治疗败血症、泌尿道及呼吸道感染。肌内注射，一次量，每千克体重 10 ~15 毫克，一日 2 次，连用 3 ~5 日。

10. 磺胺嘧啶钠

用于敏感菌引起的感染，也可用于猪弓形体病。静脉注射，一次量，每千克体重 0.05 ~0.1 克，连用 2 ~3 日。

11. 长效土霉素

广谱抗生素，用于防治巴氏杆菌病、布氏杆菌病、炭疽、大肠杆菌、急性呼吸道感染。肌内注射，每千克体重 0.1 ~0.2 毫升；一日一次，连用 3 ~5 日。

12. 氟苯尼考注射液

用于传染性胸膜肺炎、细菌性肠炎、大肠杆菌病、病毒性腹泻等。肌内注射：一次量，每千克体重 0.1 毫升，1 日 1 次，重症 1 日 2 次，连用 2 ~3 日。

（三）抗寄生虫药物

1. 硫酸铜

用于防治羊莫尼茨绦虫、捻转胃虫及毛圆线虫。治疗用量：1%硫酸铜溶液内服，3～6月龄每次每只30～45毫升，成年羊每次每只80～100毫升。

2. 敌百虫

本品为广谱杀菌、驱虫药，对多种昆虫及线虫都有作用。外用能杀灭蚊、蝇、蜱、虱及治疗疥癣病；内服能驱捻转胃虫、毛圆线虫及结节虫等。治疗用量：内服配制10%～20%溶液，每千克体重0.08～0.1克；外用治疗疥癣为0.1%～0.5%溶液。另外还可用0.05%浓度饮水驱虫，24%浓度供大群喷雾。

3. 丙硫咪唑

用于防治胃肠道线虫、肺线虫、肝片吸虫和绦虫有效，尤其对所有的消化道线虫的成虫驱除效果最好。治疗用量：内服，每千克体重为10～15毫克。

4. 左旋咪唑（片剂）

用于驱除羊体内的线虫，每千克体重7毫克，一次口服。

5. 吡喹酮

用于防治绦虫，治疗用量：内服，每千克体重为60～85毫克。

6. 灭虫丁粉

为广谱抗寄生虫药，具有高效广谱和安全低毒等优点，对羊各种胃肠线虫、螨、蜱和虱均有很强的驱杀作用。本品为口服药，也可与饲料混合喂给，口服0.2克/千克体重可除内寄生虫，0.3～0.4克/千克体重口服可杀灭外寄生虫。

7. 虫克星粉

用于驱杀体内外线虫、螨、虱、蚤、蝇蛆等，一次用量每千克体重0.1克。用于杀灭外寄生虫时，宜在7～10天后再重复给药1次。

8. 林丹乳油（20%）

对螨、虱、蚤、蜱及吸血昆虫有杀灭作用。临用时加水配制400～600倍药液，0.2%为常用药液浓度，供药浴或全身喷洒。

9. 灭螨灵

为拟除虫菊酯类药，用于羊外寄生虫防治。稀释2 000倍用于药浴，1 500倍可局部涂擦。

10. 林胺乳油

含林丹15%、亚胺硫磷5%，主要防治羊疥癣和棚圈消灭蚊蝇。用时配成乳液进行药浴、喷淋或局部涂擦，使用药液浓度为0.2%～0.3%。消灭蚊蝇浓度为0.5%。

（四）解热镇痛药

1. 安乃近注射液

用于肌肉痛、风湿痛、发热性疾患及疝痛。肌内注射，一次量1～2克。

2. 安痛定注射液

用于发热疼痛性疾病，肌内或皮下注射，一次量5～10毫升。

参考文献

[1] 吴清民. 兽医传染病学. 北京：中国农业大学出版社，2002.

[2] 王建辰，曹光荣. 羊病学. 北京：中国农业出版社，2002.

[3] 朱剑英，徐金猷. 羊病防治技术问答（第2版）. 北京：中国农业大学出版社，2011.

[4] 刁其玉. 科学自配羊饲料. 北京：化学工业出版社，2012.

[5] 桑润滋，田树军，李铁栓. 肉羊快繁新技术. 北京：中国农业大学出版社，2003.

[6] 张数方. 现代羊场兽医手册. 北京：中国农业出版社，2005.

[7] 张英杰. 养羊手册（第2版）. 北京：中国农业大学出版社，2005.

[8] 尹长安. 舍饲肉羊. 北京：中国农业大学出版社，2005.